2022

国际农业科技动态

◎ 串丽敏　张晓静　赵静娟　等　编译

中国农业科学技术出版社

图书在版编目(CIP)数据

2022国际农业科技动态 / 串丽敏等编译. --北京：中国农业科学技术出版社，2023.9
ISBN 978-7-5116-6452-5

Ⅰ.①2… Ⅱ.①串… Ⅲ.①农业技术-概况-世界-2022 Ⅳ.①S-11

中国国家版本馆CIP数据核字(2023)第189130号

责任编辑 于建慧
责任校对 李向荣
责任印制 姜义伟 王思文

出 版 者 中国农业科学技术出版社
北京市中关村南大街12号 邮编:100081
电 话 (010)82109708(编辑室) (010)82109702(发行部)
(010)82109709(读者服务部)
网 址 https://castp.caas.cn
经 销 者 各地新华书店
印 刷 者 北京中科印刷有限公司
开 本 170 mm×240 mm 1/16
印 张 12.25
字 数 206千字
版 次 2023年9月第1版 2023年9月第1次印刷
定 价 80.00元

《2022国际农业科技动态》编译人员

串丽敏　张晓静　赵静娟　王爱玲　郑怀国
龚　晶　贾　倩　颜志辉　齐世杰　秦晓婧
张　辉　李凌云　李　楠　祁　冉　邱会莹

前　言

农业是人类赖以生存的产业。科技是推动农业发展的决定性力量。当今全球人口不断增长，对农产品需求持续增加，但同时也面临着全球水资源短缺、气候变化、农业“卡脖子”关键核心技术攻关等重要挑战。应对这些挑战，亟须依靠科技进步。

为持续跟踪国际农业科技动态，本书作者单位北京市农林科学院推出了微信公众号“农科智库”，持续跟踪监测国内外知名农业网站的最新科技新闻报道，从海量资讯中挑选高价值资讯，经研究人员编译后，通过“农科智库”微信公众号面向科技和管理人员进行推送，以期为科技人员获知相关农业学科或领域的研究动态提供及时、有效的帮助，同时为管理部门科学制定政策规划、项目指南提供智力支撑。为进一步发挥资讯的参考价值，现将2022年“农科智库”平台发布的176条资讯进行归类整理，以飨读者。

这些资讯既包括遗传育种、植物保护、生物技术、资源环境、食品科学等学科，也涵盖了政策监管、规划项目、产业发展等领域。为方便读者查阅，本书本着实用性原则对资讯进行了简单归类。归类的原则有二，一是学科与领域相结合的原则，即尽可能按照学科进行分类，但又不完全按照学科或领域进行分类；二是学科或领域靠近原则，即资讯内容若涉及多个学科或领域，则归类到最靠近的学科或领域。

将资讯归类整理后，可以发现2022年国际农业科技研究热点主要集中在“基因挖掘”“生物技术”“植物育种”“动物育种”“资源环境与农产品安全”“食品科学”等方面。此外，本书还为读者提供了欧美英等农业科技发达国家的农业政策监管、规划项目、生物技术年度报告以及全球农业领域的“火花技术”，从中也可以捕捉和探究农业领域的科研动向。

需要说明的是，本书资讯分类更注重实用性，由于采用了学科与领域相结合的分类原则，因此，分类可能存在范围交叉与重叠之现象。由于时间和水平有限，错误与疏漏之处在所难免，敬请广大读者批评指正。

编译人员

2023年6月于北京

目　录

基因挖掘

生物技术

植物育种

动物育种

资源环境与农产品安全

食品科学

政策监管

规划与项目

产业发展

火花技术

生物技术年报

基因挖掘

英国科学家利用基因编辑技术激活植物休眠基因

英国洛桑研究中心（Rothamsted Research）于2022年5月3日发布消息称找到一种新方法，可以在不插入外源DNA的情况下激活植物的休眠基因，进而得到理想的植物性状。研究小组将一个非必需基因的启动子与通常关闭的*DGAT2*基因（负责叶片积累植物油）组合在一起，使用CRISPR-Cas9技术对分隔开*DGAT2*基因与启动子的DNA片段两端进行切割，并对切割端进行修复连接，从而实现*DGAT2*基因表达开启，驱动叶片中的油脂积累。结果显示，*DGAT2*表达增强20倍以上，甘油三酯含量增加了约30倍。以往的研究表明，牛饲料的脂肪（脂质）含量越高，饲料的能量密度越高，可提高奶牛的产奶量以及牛、羊的生长速度。此外，脂肪含量每增加1%，牧场甲烷排放量可减少5%。研究证实，该方法可将叶片总脂质含量增加2倍，而无需插入外源DNA，可显著提高牲畜生产力并减少牧场反刍动物养殖系统中的肠道甲烷排放。

（来源：Rothamsted Research）

日本科学家解开高粱抑制芒伸长之谜

日本冈山大学和东京大学的研究团队称，已确定高粱中负责调节芒伸长和缩短的显性芒抑制基因（Dominant Awn Inhibitor，DAI）及其工作机制。该研究团队创建了一个源自“无芒”（BTx623）和“有芒”（Takakibi NOG）高粱品种杂交的重组近交系群体，使用下一代测序（NGS）技术，建立了群体的高密度遗传图谱。随后，进行数量性状位点分析，鉴定出控制芒发育的基因并进行全基因组关联分析，以确定芒抑制基因的起源。最后，将DAI引入有芒水稻品种，发现DAI抑制了水稻芒的伸长。该研究确定了DAI对于现代作物无芒栽培品种发展的重要性，发现不同谷物作物芒的消除方式不同，但存在一种共同的芒抑制机制。研究结果于2022年5月30日发表在《植物和细胞生理学》（*Plant and Cell Physiology*）上。

（来源：Okayama University）

中国科学院和上海交通大学合作发现第一个作物高温感受器

中国科学院分子植物科学卓越创新中心与上海交通大学合作，找到了能让水稻不怕热的“基因钥匙”——成功克隆了水稻高温抗性新基因位点 *TT3*，阐明了其调控高温抗性的新机制，同时发现了第一个潜在的作物高温感受器。研究结果于 2022 年 6 月 17 日发表在《科学》（*Science*）上。

该研究发现的 TT3.1-TT3.2 遗传模块首次将植物细胞质膜与叶绿体之间的高温响应信号联系起来，揭示了全新的植物响应极端高温的分子机制；在极端高温下（42℃），细胞质膜定位的 TT3.1 蛋白通过改变定位，感知温度信号，并将高温物理信号“解码”成生物信号传递给叶绿体前体蛋白 TT3.2，通过不同于 26S 蛋白酶体降解途径和叶绿体水解酶途径的方式对叶绿体前体蛋白 TT3.2 进行液泡降解，从而在高温下维持叶绿体的稳定性。该研究发现 TT3.1 是一个潜在的高温感受器，同时也揭示了叶绿体蛋白降解的新机制，为作物育种提供了具有广泛应用前景和商业价值的抗高温基因资源。

（来源：Agropages）

中国科学院等机构发现新型植物 RNA 低温感受器

中国科学院分子植物科学卓越创新中心/CAS-JIC 植物和微生物科学联合研究中心、东北师范大学以及英国约翰英纳斯中心合作，首次发现 RG4 结构抑制 mRNA 的降解，阐明了 RG4 结构的全新分子调节功能，且 RG4 结构是植物中发现的第一个 RNA 低温感受器。研究结果于 2022 年 10 月 20 日发表在《自然通讯》（*Nature Communications*）上。

为寻找与温度感知有关的 RNA 结构域特征，科研团队对千种植物转录组项目（1KP）的 RNA 序列开展研究。该研究对其中的 906 种陆生植物与环境因素的相关性分析表明，生长在低温地区的植物 RNA 中普遍富含鸟嘌呤（Guanine）。富含鸟嘌呤序列（G-rich）在体外可以折叠为特殊的鸟嘌呤四链体（RNA G-quadruplex，RG4）结构，耐寒植物中具有更多的 RG4 结构，暗示 G-rich 序列与植物的耐寒性有关。

为探究 RG4 折叠与冷响应间的关系，科研人员对模式植物拟南芥进行低温处理，并利用此前开发的 RG4 检测方法 SHALiPE-seq 对体内 RG4 折叠进行定量检测。结果表明，低温处理显著诱导植物体内 RG4 结构的折叠，证明植物 RG4 具有感知低温的能力。冷处理诱导植物 mRNA 的 RG4 折叠，进一步选择性抑制 mRNA 的降解从而减缓植物在低温环境下的生长速度。转录组中 RG4 结构的选择性富集帮助陆生植物感知低温信号，促进植物对寒冷环境的适应性进化。研究得到国家自然科学基金、英国生物技术与生物科学研究委员会基金和欧洲研究委员会基金等的支持。

（来源：中国科学院）

科学家揭秘高温影响植物免疫的机制

中国、美国和加拿大科学家合作，成功发现了高温下植物的免疫和防御机制。该研究发现易受高温影响的中枢防御激素水杨酸，其温度敏感性主要是受 GBPL3 防御相关生物分子凝聚体形成的影响，进而导致免疫相关转录因子 *CBP60g* 和 *SARD1* 启动子区域的 GBPL3 及水杨酸相关 Mediator 亚基招募受损。研究确定了植物细胞中的一种特定蛋白，解析了植物感知气候变暖调控植物免疫的遗传机制，为培育具有气候适应性的作物奠定了基础，在农作物分子育种产业化上具有重要的应用价值。研究成果于 2022 年 6 月 29 日发表在《自然》（*Nature*）上，由美国杜克大学、霍华德休斯医学研究所、密歇根州立大学、加拿大劳瑞尔大学、耶鲁大学、华中农业大学和加州大学伯克利分校等 7 个单位合作完成。

（来源：Agropages）

中国发现小麦调控耐旱与生长平衡新机制

中国农业科学院作物科学研究所小麦抗逆分子育种创新研究组发现，

MPK3-PYL 模块可以作为一种负调控机制，有助于小麦平衡干旱胁迫响应和正常的植物生长发育，为小麦的抗旱育种提供了理论基础和基因资源。

研究发现，过表达 *TaMPK3* 基因显著降低了小麦的耐旱性和对脱落酸的敏感性。在苗期干旱胁迫条件下，过表达株系表现出较低的存活率；在成株期干旱胁迫条件下，过表达 *TaMPK3* 小麦的粒宽和千粒重降低。干扰 *TaMPK3* 基因的表达在一定条件下可以提高小麦的耐旱性。MPK3 与脱落酸受体蛋白 PYL4 相互作用可以抑制 PYL4 的活性，通过降解 PYL4 蛋白负调节脱落酸信号传递，单子叶植物水稻和双子叶植物拟南芥、大豆中也存在 MPK3-PYL 互作模块。该研究证实了小麦 MPK3 可以通过促进 PYL4 的降解来负向调控小麦的耐旱性，可能在小麦干旱胁迫响应与正常生长信号之间起到平衡作用。研究成果于 2022 年 6 月 20 日在线发表在《新植物学家》（*New Phytologist*）上。研究得到国家重点研发计划项目、国家自然科学基金和海南崖州湾种子实验室的资助。

（来源：中国农业科学院）

研究人员确定控制甜瓜成熟的重要基因

西班牙农业基因组学研究中心（CRAG）、西班牙农业食品研究与技术研究所（IRTA）和法国高等师范学院生物研究所（IBENS）进行了一项合作研究，发现了 3 个与甜瓜果实成熟有关的基因——*CmCTR1*、*CmROS1* 和 *CmNAC-NOR*，并利用 CRISPR-Cas9 技术对其进行基因突变，确定了它们的重要作用。研究发现，通过抑制 *CmCTR1*、*CmROS1* 基因表达可以加速果实成熟。在研究 CmNAC-NOR 功能过程中，研究人员获得了两个 CRISPR-Cas9 介导的突变体（nor-3 和 nor-1）。突变体 nor-3 可以成功将果实成熟延迟约 8 天而不影响果实质量，突变体 nor-1 则可以完全抑制果实成熟。这一发现揭示了甜瓜的成熟机制，有助于开发早熟甜瓜新品种，还可以延长甜瓜保质期，减少食物浪费。研究结果发表在《植物科学前沿》（*Frontiers in Plant Science*）和《实验植物学杂志》（*Journal of Experimental Botany*）上。

（来源：SeedQuest）

中国科学家发现水稻“优秀”高产基因

中国农业科学院作物科学研究所周文彬团队在水稻中发现高产基因（*OsDREB1C*），能够同时提高光合作用效率和氮素利用效率，可提高作物产量30%以上。相关成果于2022年7月22日在线发表在《科学》（*Science*）上。

转录因子OsDREB1C在拟南芥等模式植物中备受关注，但此前并没有科学家关注它与粮食作物产量的关系。研究人员此次在不同作物中对转录因子OsDREB1C进行了增强基因表达操作，并观察他们的田间表现。2018—2022年，该团队在北京、三亚、杭州进行了多年多点田间试验。结果显示，在水稻品种“日本晴”中过表达 *OsDREB1C* 比对照组产量提高41.3%~68.3%；在南方栽培稻品种“秀水134”中过表达 *OsDREB1C*，比对照组产量提高30.1%~41.6%。

研究证明，*OsDREB1C* 在水稻中过表达具有光合效率高、氮肥利用率高及早熟三重效果，对提升水稻产量、降低氮肥使用、解决作物复种中茬口偏紧等实际农业生产问题具有重要的作用。此外，*OsDREB1C* 在小麦中也同样存在高产早熟的保守性功能。该基因的发现具有重要的科学价值和应用前景，将进一步推动水稻等作物可持续集约化生产。团队将进一步深入开展 *OsDREB1C* 在主要粮食作物（包括玉米、大豆）中的功能和作用机制研究，并评估主要粮食作物抗逆性及田间产量性状，探索高产早熟新品种大田生产模式，加快突破制约作物单产水平快速提升的瓶颈。

（来源：中国农村网）

英国科学家发现谷物中一种关键免疫成分

英国塞恩斯伯里实验室（TSL）Matthew Moscou 团队通过正向遗传筛选、自然变异和转基因互补发现了赋予大麦对小麦条锈病病原（*Puccinia striiformis* f. sp. *tritici*）Rps8 介导的抗性遗传模块，该模块包括 *Pur1*（编码受体激酶）和 *Exo70FX12*（禾本科特异性 Exo70 支系）。病原真菌条形柄锈菌具有独立的谱系，能够感染不同谷物物种，主要侵害小麦，个别小种也可能侵染大麦、黑麦和一些禾本科作物。研究结果证明，*Pur1* 介导的免疫需要谱系特异性 *Exo70FX12*，*Exo70FX* 支系可能在受体激酶信号传导中发挥了特殊作用。下一步，研究团队将探索 *Exo70FX* 基因家族的功能及其在受体激酶功能中发挥的作用。该研究是一项来自不同专业领域的跨学科合作，是植物免疫和谷物进化的一项新发现，对植物育种具有重要意义。研究成果于 2022 年 7 月 6 日发表在《科学进展》（*Science Advances*）上。

（来源：*Science Advances*）

美国科学家确定开花植物果实和种子的发育机制

美国马里兰大学科学家通过研究开花植物受精如何诱导胚乳中的生长素生物合成以促进肉质果实的萌生，确定了生长素介导促使开花植物受精成功的关键机制。研究团队使用二倍体野草莓模拟授粉和果实发育过程，确定了 *AGL62*（一种普遍存在于所有开花植物中的基因）可以作为植物生成果实和种子的触发因素。*AGL62* 能够刺激一种重要的植物生长激素的产生，当 *AGL62* 被激活，将会合成生长素，从而促进种皮、胚乳和果实的发育。这项研究揭示了利用受精诱导胚乳中生长素合成的植物进化机制。研究由美国国家科学基金会资助，资助金额为 300 万美元，研究成果于 2022 年 7 月 9 日发表在《自然通讯》（*Nature Communications*）上。

（来源：*Nature Communications*）

中国科学院发现使小麦增产的新基因

中国科学院遗传与发育生物学研究所的一项研究发现，对 APETALA2/乙烯反应因子（AP2/ERF）转录因子 *DUO1* 进行基因编辑可以提高小麦籽粒产量。研究人员通过分析与小穗数有关的关键基因，发现了一个可以提升小穗数的全新基因 *DUO-B1*。

该研究在二穗短柄草中发现了一个穗多分枝的突变体，并分离到对应的基因 *BdDUO1*。该基因编码一个 ERF 类转录因子。*BdDUO1* 的拟南芥同源基因突变后，茎生叶分枝数有微弱提升，而该基因在普通小麦 B 基因组中的同源基因 *DUO-B1* 表达在群体中与穗粒数负相关，暗示参与穗发育调控。研究发现，敲除 *DUO-B1* 后，突变体具有多小穗的表型且其他农艺性状无明显改变。突变体中穗中部在一个穗节处形成多个小穗，从而提升了穗粒数。该突变体的多年多环境田间种植试验结果显示，在中等密度的田间种植条件下 *DUO-B1* 突变体穗粒数提升并可增产 10%。这项研究对于剖析小麦产量性状形成的机制具有重要意义，并为小麦高产育种提供了重要的基因资源。研究得到国家自然科学基金、中国科学院战略性先导科技专项和植物基因组学国家重点实验室的支持。研究结果于 2022 年 7 月 28 日发表在《自然植物》（*Nature Plants*）上。

（来源：中国科学院）

中国科研人员揭示六倍体栽培燕麦的起源与演化

一项研究发现了栽培六倍体裸燕麦及其二倍体、四倍体祖先的高质量参考基因组，并探索了六倍体燕麦的起源与亚基因组演化。该研究由四川农业大学、吉林省白城市农业科学院、中国科学院遗传与发育生物学研究所以及四川大学等高校和科研院所合作完成。

为揭示六倍体栽培燕麦的起源与进化，科研团队选择能代表燕麦属所有基因组亚型和不同倍性水平的物种进行全基因组重测序、转录组测序和叶绿体基因组测序，揭示了燕麦属物种的网状进化模式。

燕麦染色体结构变异的研究表明，六倍化后的同源交换在栽培燕麦基因组结构的形成中发挥了重要作用，燕麦参考基因组可为基因定位和克隆提供重要参考。研究人员在六倍体燕麦的 3 个亚基因组中鉴定了 1 269 个 *R* 基因。此外，研究对 659 份不同来源地的栽培燕麦进行全基因组关联分析，鉴定到控制燕麦皮裸性状的关键候选基因 *satnudsfs4d01g00045*。研究成果于 2022 年 7 月 18 日在线发表在《自然遗传学》（*Nature Genetics*）上。研究得到国家燕麦荞麦产业技术体系、国家自然科学基金、吉林省人才开发基金和吉林省科技发展计划等的支持。

（来源：中国科学院）

中国科学院研究重新激活小麦基因组中沉默抗病基因

中国科学院遗传与发育生物学研究所的研究团队利用基因工程手段对小麦基因组中一个被转座子插入而沉默的抗病基因序列进行遗传操作，激活其在感病小麦品种中的表达，重新赋予其抗白粉病功能，为发掘利用小麦基因组中大量被沉默和从未被育种利用的优异基因、增加小麦遗传多样性提出了全新的思路。研究成果于 2022 年 7 月 29 日发表在《植物生物技术》（*Plant Biotechnology Journal*）上。

普通小麦基因组含有 A、B 和 D 3 个亚基因组，含有大量的转座子序列，基因组中存在大量由于转座子插入、表观修饰等原因导致功能基因失活的情况，失活的功能基因因此成为隐匿或沉默的基因。研究团队前期首次从四倍体野生二粒小麦中克隆到小麦抗白粉病基因 *Pm41*。该基因对我国不同自然生态区超过 80%的白粉菌生理小种表现免疫或高抗，是具有育种应用价值的优异抗病基因资源。单倍型分析显示，*Pm41* 在野生二粒小麦群体中包含至少 7 种不同单倍型（Hap1－7），而在硬粒小麦和普通小麦仅存在 3 种单倍型（Hap2、3 和 7），显示该位点存在明显的遗传瓶颈。基因序列和表达分析发现，Hap2（*Pm41b*）和 Hap4－7 单倍型在基因启动子和 UTR 区存在转座子插入导致基因失活不表达。其中，*Pm41b* 具有完整的潜在编码框，且在硬粒小麦和普通小麦中基因分布频率高达 90%。

研究采用转基因技术在小麦中互补和过表达 *Pm41b* 基因，结果发现其对小麦白粉病表现出免疫或高抗，说明重新激活沉默的 *Pm41b* 基因赋予其抗白粉病功能。此外，未发现激活这类沉默的基因对高产品种主要农艺性状和产量有不良影响，表明该策略可应用于小麦新品种的分子设计。该研究为抵抗小麦白粉病提供了新的可用基因资源，并展示了发掘作物基因组中隐匿的优异功能基因进行高产抗病设计育种的全新策略和潜力。

（来源：中国科学院）

植物分子遗传学家发现并开始破解表观遗传密码

植物面对极端天气的挑战，会本能地重新编程它们的遗传物质，使自己得以生存，甚至茁壮成长。美国宾夕法尼亚州立大学分子植物遗传学研究团队首次对植物自主重编程效应进行研究并发现了“表观遗传重编程”密码。这种密码可以导致某些基因的表达、过度表达或沉默。了解并利用这一重编程过程对于培育能够耐受极端天气的作物至关重要。

在这项研究中，研究人员操纵了植物特异性核编码基因 *MSH1*，以触发至少 4 种不同的非遗传状态，从而影响植物的应激反应和生长活力。通过对 4 个状态的数据进行交叉比较，确定了基因组内表观遗传变化的特定基因靶点以用于定位和解码与植物生长相关的信息。研究显示，对该基因的操作导致了植物外观和生长特征的变化，例如生长缓慢、开花延迟、生长活力增强以及种子结实率更高。研究结果于 2022 年 8 月 4 日发表在《基因组生物学》（*Genome Biology*）上。研究由美国国立卫生研究院资助。

（来源：SeedQuest）

中国科学院科研人员揭示水稻花粉育性的新调控因子

中国科学院植物研究所王台研究组与合作者发现水稻花粉表达的甲基化 CpG 位点结合蛋白家族成员 PEM1 是调控花粉外壁形成的重要调控因子。该基因功能的缺失导致花粉外壁无定型加厚、乌氏体异常，进而导致花粉降解。进一步研究发现，该基因功能缺失引起转录抑制、信号转导和细胞壁代谢相关基因表达水平的显著增加，引起孢粉素前体角质和蜡质组分含量的显著增加，这些结果表明 PEM1 通过负调控一组基因的表达来调节花粉外壁的发育，可能是花粉发育的主调控因子。序列分析显示 *PEM1* 同源序列在单子叶植物中是保守的，暗示 *PEM1* 同源基因在其他单子叶植物花粉发育过程中有类似的功能。

这项研究揭示了一个新的水稻花粉育性的主调控因子，为深入解析花粉外壁发育的调控网络提供了新的切入点，也为植物雄性育性的遗传操作提供了新的基因元件。研究成果于2022年6月28日在线发表在《植物杂志》（*The Plant Journal*）上。研究得到了中国科学院战略性先导科技专项和国家自然科学基金资助。

（来源：中国科学院植物研究所）

巴西Embrapa揭示稻瘟病抗性的替代来源

巴西Embrapa遗传资源和生物技术公司的研究人员报告了两个易感基因，揭示它们可能是稻瘟病抗性的替代来源。研究结果于2022年11月发表在《水稻科学》（*Rice Science*）上。

稻瘟病是影响全球水稻生产最普遍和最具破坏性的病害之一。对宿主易感基因进行遗传操作，可以作为更持久的稻瘟病抗性的强大来源。因此，研究人员使用CRISPR-Cas9靶向敲除易感基因*OsDjA2*和*OsERF104*，显著提高了稻瘟病抗性。报告称，与受感染的对照植物相比，纯合T1突变株系表现为胚芽病变数量显著减少和感病叶面积比降低。这项研究的结果不仅为防治水稻稻瘟病提供了潜在的可选靶点，并且支持CRISPR-Cas9介导的水稻易感基因靶突变作为一种有效提高水稻稻瘟病抗性的替代育种策略。

（来源：ISAAA）

中国农业科学院牵头完成赤小豆（饭豆）高质量基因组及重要性状遗传解析

中国农业科学院作物科学研究所研究团队牵头国内外多家单位完成了赤小豆（饭豆）高质量基因组组装和解析，揭示了其进化地位，解析了群体遗传多样性和遗传结构，鉴定出多个重要性状主效位点和候选基因，发掘了一批优异潜在育种亲本材料，为未来赤小豆育种改良提供重要参考，并为豇豆属其他作物的育种研究提供优异基因资源。研究成果于2022年9月29日发表在《自然通讯》（*Nature Communications*）上。

赤小豆，俗称饭豆、米豆、爬山豆，与近缘种绿豆、小豆等相比，具有高产、高抗病虫、耐逆性好等更多优势，是有效应对气候变化却在现代农业生产中被忽视的潜力作物。作为小众豆种，赤小豆是典型的“亚洲作物”，遗传育种研究落后，且缺乏高质量基因组和精细物理图谱，阻碍了赤小豆重要性状的遗传解析和优异基因的挖掘利用。

研究团队组装出迄今为止连续性最高的豇豆属基因组（525.6 Mb），注释出 26 736 个高置信度蛋白质编码基因。基于 440 份地方品种全基因组重测序，将赤小豆资源分为 3 个遗传组，即南亚和东南亚组、中国南方组和中国北方组。其中，南亚和东南亚组的遗传多样性最丰富，从全基因组水平支撑了南亚和东南亚地区为赤小豆起源地的假说。研究人员还从赤小豆对光周期变化较为敏感的特性入手，分析了不同地理组之间的遗传分化，鉴定出 3 个在高、低纬度区的开花期形成显著差异的主效 QTL 和候选基因（*PRR3b*、*FT*、*FUL*），可以作为培育广适性品种的高效分子标记。此外，基于两年两点的粒长、百粒重等数据分析，发现了一个引起粒长和粒重增加的主效 QTL（*CYP78A6*）。

针对产量相关性状，研究鉴定到一个位于 *TFL1* 基因第一个外显子上的 2-nt 缺失，使 *TFL1* 基因翻译提前终止。其中，具有纯合 2-nt 缺失的 32 份地方种全部来自中国中南部的湖北、湖南、重庆、贵州和广西等相邻 5 省（区），且与其他地方种遗传分化明显，表明这 32 份种质约 200 年前受到了当地农民的选择或改良，可以作为未来育种的优良亲本材料。

赤小豆高质量参考基因组的组装、地方品种变异图谱的构建及开花期、生长习性及产量相关性状等基因发掘，为其进化分析、种质创新和育种改良等奠定了基础。

（来源：中国农业科学院作物科学研究所）

中国农业科学院牵头完成高质量豌豆参考基因组和泛基因组解析

中国农业科学院作物科学研究所联合国内外多家合作单位，成功绘制了中国豌豆基因组高质量精细物理图谱，构建了栽培和野生豌豆泛基因组，解析了豌豆基因组进化特征、群体遗传结构，为揭示豌豆起源驯化，以及基因挖掘、种质创新、育种改良提供了宝贵资源及数据支撑。研究成果于2022年9月22日发表在《自然遗传学》（*Nature Genetics*）上。

该研究团队利用中国豌豆主栽品种“中豌6号”，基于多种先进测序技术，整合优化多种组装策略，提供了显著改进的豌豆高质量精细物理图谱和注释。研究人员还揭示了118个栽培和野生豌豆种质的基因组变异式样，分析鉴定出25个与12个豌豆重要农艺性状相关的数量性状位点（QTLs），还发现了两个先前已知的控制粒型（圆粒/皱粒）和株高（高/矮）的孟德尔基因*R*和*Le*，以及一个与荚型（硬荚/软荚）相关的候选基因。同时，研究构建了包含116个栽培和野生豌豆种质的泛基因组，聚类生成了112 776个泛基因簇，在豌豆属下不同物种之间显示出差异显著的存在/缺失变异（PAV）模式和功能富集，其中，野生豌豆和埃塞俄比亚豌豆中特有的泛基因显示出明显不同的功能富集，表明它们在未来作为豌豆育种资源的重要潜力。

（来源：中国农业科学院作物科学研究所）

英国发现小麦新型矮秆基因*Rht13*

英国约翰英纳斯中心（John Innes Centre）的研究人员发现了一种小麦新型矮秆基因*Rht13*。利用该基因育种者可以培育出更适应气候变化的矮秆小麦品种，使农民能够在更干旱的土壤条件下种植矮秆小麦。相关研究成果发表在《美国国家科学院院刊》（*Proceedings of the National Academy of Sciences of the United States of America*，PNAS）上。

自20世纪60年代和“绿色革命”以来，矮秆基因增加了全球小麦产量，但矮秆小麦也有明显的缺点，即当把这些小麦品种的种子种植在缺水土壤的深处以获取水分时，往往会出现幼苗破土难的问题。而新发现的*Rht13*矮秆基因却可以解决这一难题，因为该基因只在小麦茎部较高的组织中发挥作用，即矮化机制只有在幼苗完全出苗后才会生效。这意味着，利用新发现的*Rht13*矮秆基因培育的小麦品种，可以将种子种植在土壤深处以获得水分，而不会对出苗产生不利影响。

（来源：John Innes Centre）

中国首次克隆甘薯害虫小象甲的天然抗性关键基因

中国科学院华南植物园侯兴亮团队与广东海洋大学合作，在虫害流行严重的华南地区搜集不同的甘薯材料并进行抗虫评价，历经 3 年田间筛选，获得两份甘薯小象甲高抗种质。研究团队利用抗感种质构建 F_1 遗传群体，建立稳定的甘薯小象甲抗虫可控评价体系，最终定位并克隆了两个甘薯小象甲抗性关键基因 *SPWR1*（Sweet Potato Weevil Resistance 1）和 *SPWR2*。研究成果于 2022 年 11 月 14 日作为封面文章发表在《自然植物》（*Nature Plants*）上。

该研究克服了甘薯遗传转化操作难、转化率低、周期长的问题，利用甘薯自身快速增生能力，配合根癌农杆菌（非发根农杆菌）定向注射手段，开发了高效稳定的新型甘薯遗传转化方法。大量的甘薯遗传材料证明 *SPWR1* 和 *SPWR2* 均正向调控甘薯小象甲抗性。目前，农业上尚无甘薯小象甲抗性品种培育。该研究创制的种质在显著提高抗性的同时并未降低品种原有产量和品质，推进了甘薯小象甲抗性种质开发利用的研究。该研究不仅首次克隆了甘薯害虫的天然抗性基因，而且揭示了其下游天然抗虫物质的调控机理，为甘薯小象甲田间防治提供了新方向和新思路，对推进高产优质多抗的甘薯分子育种具有重要意义。

（来源：中国科学院）

中国科学院水稻、小麦穗发芽研究获得新进展

中国科学院遗传与发育生物学研究所储成才团队通过构建可稳定检测到休眠控制位点区域的高密度染色体单片段代换系群体，在强休眠水稻品种 Kasalath 中克隆到一个控制水稻种子休眠的关键基因 *SD6*，并证实了 *SD6* 负调控水稻种子休眠性。通过筛选 SD6 互作蛋白，研究发现了另一水稻转录因子 *ICE2* 正调控水稻种子休眠性。研究显示，含有 *SD6* 强休眠等位的近等基因系在大田表现出优异的穗发芽抗性，暗示该自然变异位点可用于优质水稻主栽品种的休眠性常规育种改良。同时，通过基因编辑技术对多个水稻易穗发芽

主栽品种的 *SD6* 基因进行改良，该研究证实在不同水稻品种背景下改良的材料在收获期遭遇连绵阴雨天气的情况下穗发芽情况显著改善。研究成果于 2022 年 12 月 5 日在线发表在《自然遗传学》（*Nature Genetics*）上。

（来源：中国科学院）

中国科学院研究团队揭示决定种子活力的表观遗传调控机制

中国科学院遗传与发育生物学研究所姜丹华研究组发现了一个组蛋白 H3 的变体 H3. 3 在染色质上的装配是种子获得萌发和胚后发育能力的关键，并分析了 H3. 3 在其中可能发挥的调控机制，为进一步阐释种子活力的形成机制奠定了基础。该研究揭示了植物通过组蛋白变体 H3. 3 在种子中的特异装配，“打开”染色质为其萌发和胚后发育做准备的机制。在一定程度上 H3. 3 具有类似先锋因子在细胞命运调节中的作用。作为一种替代（replacement）组蛋白，H3. 3 在较多植物细胞的分化时均发生明显富集。因此，H3. 3 可能是植物细胞命运决定的关键因子，对其作用机制的进一步研究将有助于探索植物再生等重要科学问题。研究成果于 2022 年 12 月 13 日发表在《自然通讯》（*Nature Communications*）上。

（来源：中国科学院）

德国科学家首次破译马铃薯四倍体基因组

德国慕尼黑大学和马克斯 · 普朗克植物育种研究所的科学家首次破译了高度复杂的四倍体马铃薯基因组。马铃薯是世界上生产最广泛的块茎作物，但其品种单一，多样性较低，易染病害并大面积暴发，而这可能会产生严重后果。普通马铃薯栽培种是四倍体，这使得新品种培育耗时且极具挑战性，其基因组的重建比人类基因组重建技术挑战更大。与马铃薯所有其他细胞相比，每个花粉细胞只包含每个染色体的两个随机拷贝。研究人员通过对大量马铃薯单个花粉细胞的 DNA 进行测序，从而避开了区分马铃薯 4 个相似染色体拷贝的障碍。上述方法促进了整个马铃薯基因组序列的重建，获得马铃薯栽培种的完整 DNA 序列，使研究人员更易于识别形成理想或非理想品种的基因变异，能够极大地促进马铃薯的育种。这项研究为加速培育更优异的品种奠定了生物技术基础。研究成果发表在《自然遗传学》（*Nature Genetics*）上。

（来源：*Nature Genetics*）

中国发现首个控制玉米高蛋白含量的主效基因 *THP9*

中国科学院与上海师范大学研究团队合作，在野生玉米中克隆了控制玉米高蛋白品质形成和氮素高效利用的关键变异基因 *Teosinte High Protein 9*（*THP9*）。研究采用三代测序技术和三维基因组相结合的策略，摸索并拼装出野生玉米单倍体基因组，用于野生玉米高蛋白基因的定位和克隆。科研人员在野生玉米中克隆到首个控制玉米高蛋白含量的主效基因 *THP9*，将 *Thp9-T* 导入玉米自交系 B73 后，种子蛋白质含量增加约 35%，根中氮含量增加约 54%，茎中氮含量增加约 94%，叶片中氮含量增加约 18%，且生物量也有提高。研究表明，*THP9* 基因在培育高蛋白玉米中具有重要的应用潜能；同时，在减少氮肥施用条件下，可有效维持玉米的生物量以及植株和籽粒中氮含量水平，对于在低氮条件下促进玉米高产、稳产具有重要意义。研究成果于 2022 年 11 月 17 日发表在《自然》（*Nature*）上。

（来源：中国科学院）

研究发现抵御致命性牛感染的 DNA 片段

热带牲畜遗传与健康中心（CTLGH）、罗斯林研究所、国际牲畜研究所（ILRI）和格拉斯哥大学的研究人员确定了一个牛抵御致命性东海岸热病的关键 DNA 片段，并对该 DNA 片段能否稳定遗传进行了研究。

东非本土 Boran 牛部分种群对东海岸热病具有抗性，研究人员对这些种群的牛进行了基因分析，以确定在预防该病感染方面发挥关键作用的 DNA 片段。研究结果表明，该片段的一种基因可能有助于防止受感染细胞的失控增殖，并降低动物患该病时重症或死亡风险。利用基因编辑技术使其携带该关键遗传片段的牛，可提高对东海岸热病的耐受性，从而提高畜牧生产力。研究结果对于其他疾病抗性动物的开发具有借鉴价值。这项研究结果发表在《公共图书馆遗传学》（*PLOS Genetics*）上，项目由比尔和梅琳达·盖茨基金会和英国外交、联邦和发展办公室资助，并得到国际农业研究磋商组织和生物技术、生物科学研究理事会的支持。

（来源：The University of Edinburgh）

美国、德国发现导致易感牛蹄炎的候选基因

来自美国和德国的国际研究小组发现，牛基因组的两个微小突变基因可能会导致一些牛更容易患上牛蹄炎（Digital Dermatitis），该病是牛跛行的主要致病因素，所有年龄的牛都对牛蹄炎易感，常见于舍内饲养牛。研究小组利用来自德国东部13个大型农场5 040头奶牛的DNA数据和检测结果，解析这一现象的遗传基础，通过广泛的统计分析确定了奶牛基因组中与该疾病相关的区域。*CMPK2*和*ASB16*被认定为潜在的候选基因，两者都在免疫细胞的信号通路中发挥重要作用，例如在细菌感染中。对候选基因区域的进一步序列分析揭示了两个位置的点突变，能够显著影响疾病易感性及转化为慢性病。这一发现将有助于推动牛蹄炎抗性动物育种。该研究的参与机构为德国马丁路德大学哈勒—维滕贝格分校、德国哥廷根大学和美国威斯康星大学麦迪逊分校。研究结果发表在《遗传学前沿》（*Frontiers in Genetics*）上。

（来源：*Frontiers in Genetics*）

中国农业大学等机构合作构建全球首个牛多组织调控变异图谱

中国农业大学、中国科学院、美国农业部农业研究局和马里兰大学、英国爱丁堡大学的研究团队合作构建了全球首个牛多组织调控变异图谱。该研究是国际畜禽动物研究计划FarmGTEx的初步阶段性成果，具有开拓性和指导

意义。研究成果于 2022 年 8 月 11 日在线发表于《自然遗传学》（*Nature Genetics*）上。

为解析牛重要经济性状的分子调控机制，提高人工选择的遗传进展，该研究利用 7 180 个公共转录组数据系统构建了牛的基因型—表达量图谱（Cattle Genotype-Tissue Expression atlas，CattleGTEx）。CattleGTEx 图谱包括了牛的 100 多种组织/细胞类型的表达谱，同时还利用下载及产生的 144 个牛 DNA 甲基化数据构建了包含 21 种组织的 DNA 甲基化图谱。这是目前在畜禽研究中规模最大的转录组图谱之一。

利用 CattleGTEx 基因型—表达量图谱，该研究通过全转录组关联分析（TWAS）将复杂性状与基因表达联系在一起，从而系统定位了调控牛的 43 种重要经济性状的候选基因。该研究验证了影响奶牛乳蛋白量、乳脂率等产奶性状的主效基因 *DGAT1*，并进一步揭示该基因在肝脏中的表达受到遗传变异的调控，从而影响奶牛的产奶性能。同时，该研究在多个组织中鉴定到了一系列影响奶牛产奶、繁殖、体型、健康及疾病性状的候选基因，其中，大部分基因为首次报道。该研究为解析牛经济性状的遗传机制提供了参考，对充分挖掘牛经济性状候选基因，提高基因组选择准确性具有重要指导意义和科学价值。

（来源：中国农业大学）

生物技术

美国利用 CRISPR-Cas9 开发无直链淀粉马铃薯

美国得克萨斯大学的科学家利用 CRISPR-Cas9 敲除四倍体马铃薯中 4 个基因拷贝，开发出无直链淀粉的马铃薯。研究小组开展了两项研究：一是以包含 4 个绿色荧光蛋白（GFP）副本的马铃薯品系为目标，利用农杆菌将 CRISPR 试剂递送到马铃薯中，破坏马铃薯 *gfp* 基因的 4 个拷贝，使其发生突变。二是以马铃薯 Yukon Gold 品种为目标，通过 CRISPR 处理破坏淀粉合成酶（*GBSSI*）基因，以消除淀粉中的直链淀粉成分。结果显示，马铃薯转化体的块茎淀粉中完全没有直链淀粉成分。该转化体中的 4 个 *GBSSI* 等位基因全部发生突变，但仍显示出正常的生长和产量特征。经此类基因编辑的马铃薯，所含淀粉仅由支链淀粉组成，其块茎淀粉具有特有的冻融稳定性，可用于生产冷冻食品而无需进行化学改性。此外，还可以应用于造纸、黏合剂、纺织、生物塑料和工业用途乙醇等工业用途。研究结果于 2022 年 3 月 31 日发表在《国际分子科学》（*International Journal of Molecular Sciences*）和《植物细胞、组织和器官培养》（*Plant Cell Tissue and Organ Culture*）期刊上。

（来源：Agropages）

美国 MIT 研发植物克隆技术和“自加肥”谷物应对气候变化

2022 年 4 月 19 日，美国麻省理工学院（MIT）怀海德研究所（Whitehead Institute）发布了两个“气候挑战赛”（Climate Grand Challenges）获奖项目。

一、开发无性系制种技术，稳固杂交优势

克隆产生与母本基因相同的种子的过程称为无性繁殖，现已证明其广泛存在于 400 余种开花植物中。因此，这些植物中一定存在无性繁殖所需的基因和信号通路。该项目旨在通过调整这些基因和通路，使植物从有性繁殖转变为无性繁殖，生长出更健壮且与亲本基因相同的种子，并使有益性状代代

相传。

研究人员根据已知的拟南芥中与胚乳自主无性发育相关的基因和途径，确定了一个特定基因，当该基因被错误调控时，会驱动无性胚乳样物质的发育。项目通过对其他相关基因表达的表观遗传调节，使植物保留这种物质，实现无性繁殖。该项目致力于成功构建出一个基因表达“公式”，将胚乳无性繁殖引入更广泛的农作物中，使其能够适应不断变化的环境，并降低化肥和杀虫剂的使用。

二、模拟豆科植物—根瘤菌共生原理，生产“自加肥”谷物

豆科植物可以形成根瘤并从中获得氮来交换碳，即豆类释放的温室气体少于谷类作物。项目旨在破译豆科植物和根瘤菌之间小分子信号传导过程的全光谱信息，并在非豆科作物中通过基因工程建立一个模拟系统，然后利用代谢组学方法，确定豆科植物根部促使根瘤菌进行氮/碳交换分泌小分子。最后，将在非豆科植物的根部通过基因工程方法对这些分子进行生物合成，并观察它们对根部周围根瘤菌的影响。该项目应用成效十分显著，可以使玉米种植中的氮肥使用量减少 16 万吨，还能使相关的一氧化二氮气体排放量减半。

（来源：美国麻省理工学院）

美国开发新工具提高植物基因组编辑能力

美国马里兰大学农业和自然资源学院（University of Maryland College of Agriculture and Natural Resources）的科学家开发了一种可以编辑植物中多个靶标基因，同时调控其他关联基因表达的系统，名为 CRISPR Combo。

CRISPR-Cas9 及其衍生的碱基编辑器和 CRISPR 激活系统，极大地推动了植物基因组工程的发展。然而，这些系统大多单独使用，其组合潜力在很大程度上尚未开发。CRISPR Combo 是一个基于单个 Cas9 蛋白的多功能 CRISPR 系统，用于在植物中同时实现基因组编辑（靶向突变或碱基编辑）和基因激活。首先，研究人员利用 CRISPR Combo 激活拟南芥中的成花基因 *FT*

的表达，并同时诱导 *PYL1* 和 *AP1* 突变，或碱基编辑 *ALS* 和 *ACC2* 位点，结果显示，该方法可显著促进植物提前开花，从而更快地产生种子。其次，利用该系统还激活了杨树的形态发生基因（*WUS* 和 *WOX11*），可有效促进杨树不定芽和不定根的再生，并加速杨树的体外繁殖。最后，该系统还通过激活水稻的胚胎发育基因 *BBM1* 以及同时引发 *GW2* 和 *GN1a* 突变，以增强水稻的再生能力。研究证明，CRISPR Combo 可为作物育种提供广泛的应用前景。研究成果于 2022 年 5 月发表在《自然植物》（*Nature Plants*）上。

（来源：*Nature Plants*）

韩国发明新的基因编辑工具

韩国研究人员开发了一个名为锌指脱氨酶（ZFDs）的碱基编辑系统，由锌指 DNA 结合蛋白、分裂细菌间毒素脱氨酶 DddAtox 和尿嘧啶糖基化酶抑制剂（UGI）组成，催化靶向 C-T 的转变，而不会在真核类细胞中诱导不必要的插入和缺失（InDel）。ZFD 体系不仅可以应用于核 DNA，还可用于编辑包括线粒体 mtDNA 和叶绿体 DNA 在内的细胞器 DNA，实现了在核 DNA 中 60%和 mtDNA 中 30%的碱基编辑效率。此外，重组 ZFD 蛋白可以在无电穿孔或脂质体感染的情况下自发渗透到人类细胞中，这些特性将使 ZFDs 成为建模和治疗线粒体疾病的强大平台。研究成果于 2022 年 1 月 18 日发表在《自然通讯》（*Nature Communications*）上。

（来源：*Nature Communications*）

瑞士研究人员揭示全球海洋微生物合成潜力

瑞士苏黎世联邦理工学院的科学家揭示了全球海洋微生物组的生物合成潜力。研究人员通过整合培养的单细胞微生物基因组与来自海水样本超过 2.5 万个重建的基因组草图，研究了海洋中生物合成基因簇的多样性和新颖性。天然微生物群落的系统发育和新陈代谢具有多样性，除了未充分探索的生物群体外，这种多样性还包括对生态和生物技术相关酶化合物的发现潜力。然而，研究这种多样性以确定合成此类化合物的基因组途径，并将其分配给各自的宿主仍然具有难度。由于在全球范围内分析基因组解析数据的局限性，人们对公共海域微生物的生物合成潜力尚存未知。这项研究揭示了大约 4 万个推测的新生物合成基因簇。研究人员以此确定了一个富含生物合成基因簇的谱系。该谱系属于未培养的细菌门，包括该环境中一些最具生物合成多样性的微生物。研究成果于 2022 年 6 月 22 日在线发表在《自然》（*Nature*）上。

（来源：*Nature*）

科学家利用 CRISPR-Cas9 提高水稻收获前穗发芽抗性

为了提高水稻收获前穗发芽抗性，南京农业大学的研究团队开发了一种新的 CRISPR-Cas9 编辑策略，对优良高产的粳稻品种宁粳 6 号进行基因编辑，获得种子休眠水平更高的 *OsABA8oxs* 突变株系。通过对目标基因进行分子鉴定、监测主要农艺性状以及检测多项生理生化指标，研究团队培育出 6 个转基因突变株系，并进行了为期 3 年的评估。敲除 *OsABA8ox* 基因，特别是 *OsABA8ox1*，显著增强了种子的休眠性并提高了水稻收获前穗发芽抗性。结果表明，*OsABA8ox1* 基因经编辑修饰后的突变系，其种子 *ABA8ox* 含量降低，内源脱落酸（ABA）水平增加，从而增强了 ABA 信号传导，最终导致更长的种子休眠期。当在其他品种中敲除该基因时，也产生了类似的结果，证实了 *OsABA8ox1* 基因的遗传修饰作用在谷物育种中具有重要的应用潜力。

（来源：ISAAA）

科学家在优化糖基化酶碱基编辑器方面取得研究进展

中国科学院天津工业生物技术研究所合成生物技术研究团队和微生物代谢工程团队与大连工业大学合作，在优化糖基化酶碱基编辑器（GBE）方面取得新的研究进展。

为了提高 GBE 碱基编辑器的编辑效率，科研团队将转录激活因子 VP64 融合表达在 GBE 编辑器脱氨酶的氨基端（Vp64-APOBEC-nCas9-UNG），结果表明，Vp64-APOBEC-nCas9-UNG 的 C-to-G 编辑效率比 GBE 有显著提高。为进一步扩大 APOBEC-nCas9-UNG 的应用范围，研究分别融合表达了 SunTag 系统与 SpRY-Cas9，构建了 SunTag-GBEs 和 SpRY-GBEs。与 GBE 相比，SunTag-GBEs 在哺乳动物细胞中的编辑效率、编辑纯度和编辑框均有显著提升。同时，SpRY-GBEs 克服 PAM 序列的限制，实现了靶向位点范围的拓展。该研究通过不同策略对 GBE 进行优化，获得性能更优越的 GBE 突变体。

研究成果于 2022 年 7 月 19 日发表在 *Cell Reports* 上。研究得到国家自然科学基金、国家重点研发计划、天津市合成生物技术创新能力提升行动和中国博士后科学基金的支持。

（来源：中国科学院）

利用生物工程技术改善光合作用提升作物产量

国际提升光合作用效率（Realizing Increased Photosynthetic Efficiency，RIPE）研究项目人员首次证明，与光合作用相关的多基因生物工程可以提高田间试验中主要作物的产量。美国伊利诺伊大学领导的国际团队对大豆进行转基因改造以提高其光合作用效率，在不降低蛋白质和油含量的情况下，大豆产量增加了 20% 以上。研究结果于 2022 年 8 月 18 日发表在《科学》（*Science*）上。

RIPE 的研究人员十多年来一直致力于改进光合作用的效率。此次研究小组改进了大豆植株的 VPZ 结构以提高其光合作用效率。VPZ 包含 3 个编码叶黄素循环蛋白质的基因，叶黄素循环是一种色素循环，有助于植物的光保护。在阳光充足时，叶中的该循环被激活以保护其免受伤害，使叶消散多余的能量。当叶被遮蔽时，这种光保护则被关闭，从而使叶可以继续进行光合作用。植物需要几分钟才能关闭该保护机制，耗费了其原本可以用来进行光合作用的宝贵时间。

VPZ 结构中 3 个基因的过表达加速了这一过程，每当叶经历从明到暗的转变时，光保护会更快地关闭，使叶获得额外的光合作用时间。研究人员目前已经把这一遗传机制引入烟草和大豆中，实验结果表明产量都得到很大提高。研究表明，可以通过生物工程改善光合作用，并提高主要作物产量。

国际研究项目 RIPE 的主要目标是通过设计更有效的工程技术手段提升光合作用利用效率，从而提高全球作物产量。RIPE 由比尔和梅林达盖茨基金会、美国食品和农业研究基金会（FFAR）和英国政府的国际发展部（DFID）资助。

（来源：*Science*）

康奈尔揭示新型 CRISPR 工具——Craspase 系统的作用机制

来自康奈尔大学的一项新研究全面解析了一种全新的 CRISPR 偶联蛋白酶新系统（CRISPR associated Caspase，Craspase）的工作机制。Craspase 是一个向导 RNA 引导并且受靶向 RNA 激活的蛋白酶系统，具有极大的应用潜力。

该研究阐述了 Craspase 系统通过向导 RNA 引导，并且受靶向 RNA 激活其蛋白酶活性的详细机制，该蛋白酶受到激活后可以对天然的蛋白底物以及工程化的多肽片段进行特异切割，诱导细胞死亡。Craspase 在未来有可能作为新的精准医疗工具。此外，这项研究如果在蛋白酶特异性进化方面取得进展，将有望翻开蛋白定向降解的新篇章。除了深入探索 Craspase 的功能外，该研究还将进入涉及动物组织工程和农业工程的应用领域。研究结果于 2022 年 8 月 24 日发表在《科学》（*Science*）上。

（来源：*Cornell University*）

荷兰开发多重基因编辑策略提升育种效率

荷兰根特大学的研究人员开发了一种多重基因编辑策略（BREEDIT），即将多重基因组编辑与不同的杂交方案相结合，以识别参与增强重要农艺性状的关键基因，改善产量、耐旱性等复杂的作物性状，创制具有改良性状的植物。研究人员将玉米作为模型物种，利用 CRISPR-Cas9 技术在玉米中对 48 个生长相关基因进行诱导性基因敲除，产生了一个包括 1 000 多种基因编辑植物的集合。经基因编辑的种群平均叶长较对照增加 5%~10%，叶宽增加 20%。此外，研究还发现特定基因的编辑与性状改良具有关联性，这表明改良植物性状所需的基因突变数量可以减少。BREEDIT 可以快速应用于多样化的突变体集合，识别有发展潜力的基因修饰，以供未来育种计划使用。项目得到欧盟地平线 2020 研究和创新计划的资助。

（来源：Universiteit Gent）

基因编辑技术成功诱导菊苣植物积累重要药用化合物

荷兰瓦赫宁根大学、KeyGene 农业生物技术公司和德国莱布尼茨植物生物化学研究所合作的国际研究小组利用基因编辑技术开发出能够积累木香烯内酯（Costunolide）的菊苣植物。木香烯内酯是一种植物代谢物，以其抗癌活性而闻名。研究小组在菊苣中鉴定了 3 个特定的 kauniolide 合酶基因，利用 CRISPR-Cas9 抑制三者的活性后，导致菊苣叶和主根中倍半萜内酯生物合成中断。研究结果证实，利用这一方法，菊苣主根中木香烯内酯及其结合物的积累可以达到高水平。该研究是欧盟欧洲城市清洁氢能项目（CHIC）的一部分，旨在开发应用于菊苣的新育种技术，将菊苣开发成生产高价值消费品的多用途作物。研究结果于 2022 年 8 月 29 日发表在《植物科学前沿》（*Frontiers in Plant Science*）上。

（来源：KeyGene）

中国科学院研究团队通过多重基因编辑实现番茄果色的快速定制

中国科学院遗传与发育生物学研究所的研究团队在番茄果色调控机理与分子设计育种方面取得了新的研究进展。研究团队合作分离了番茄橙色果决定基因，提出利用多重基因编辑技术以红果番茄材料为底盘材料，快速定向创制 7 种不同果色番茄材料的策略。

该研究首先利用多重基因编辑系统靶向敲除了红果番茄中控制三类色素

合成或代谢的关键基因，获得了纯合的三重突变体（*psy1myb12sgr1*）。三重突变体的果实在成熟过程中不能合成番茄红素和柚皮素查尔酮，其叶绿素又不能被正常降解，因而呈现出绿色。随后，将三重突变体与红果底盘材料进行回交，筛选出不含外源 DNA 片段的 BC_1F_1 单株进行自交构建 BC_1F_2 分离群体。最后，通过对 BC_1F_2 分离群体的分子鉴定，获得了不同基因型、不同果色的番茄材料。进一步的研究表明，除果色相关性状外，该策略对单果重、单株产量、果实可溶性固形物含量和维生素 C 含量等性状没有影响。

与常规回交转育相比，该策略具有省时省力、一步到位、不引起连锁累赘、不影响其他农艺性状等优势。该策略很容易复制推广到其他蔬菜、水果和花卉等园艺作物中，而且对其他多基因控制性状的遗传改良具有借鉴作用。研究成果于 2022 年 9 月 19 日发表在《园艺研究》（*Horticulture Research*）上。该研究得到了国家重点研发计划、国家自然科学基金等项目的资助。

（来源：中国科学院遗传与发育生物学研究所）

中国科学院分子植物卓越中心等提出“农业精准微生物组”概念

中国科学院分子植物科学卓越创新中心和深圳华大生命科学院合作，以谷子为模型，揭示基因型、根系微生物组与农艺性状之间的互作网络，提出植物“农业精准微生物组”概念，为农业微生物组的精准使用奠定了理论基础。研究成果于 2022 年 10 月 7 日发表在《自然通讯》（*Nature Communications*）上。

该研究通过构建数学模型，量化了谷子基因型 SNPs 与根系微生物群对谷子生长和产量的影响。研究发现，谷子基因型可以解释产量性状（如单株粒重）34.1%的变化，微生物可以解释 43.31%的变化，基因型和微生物一起可以解释 55.87%的变化，表明谷子基因型与微生物组共同决定谷物的生长和产量性状。

科研团队基于 SNPs 全基因组关联分析方法，计算不同微生物单元的遗传力，发现根系微生物群的组成变化主要由植物免疫、代谢产物合成、激素信号传导及养分吸收相关的基因来驱动。其中，宿主免疫基因 *FLS2* 和转录因子

bHLH35 与谷子根系微生物类群广泛关联。比较分析发现，谷子根系微生物的遗传类群与高粱和玉米的遗传类群高度重叠，表明植物及其微生物群在宿主间具有相似的共进化模式。该研究构建“谷子基因型—标记微生物群—谷子农艺表型”三角互作网络，并通过对网络的关键节点进行菌株接种验证，发现根系微生物调控作物农艺性状依赖于宿主植物的基因型。基于此，研究提出了“农业精准微生物组”概念。在未来的农业系统中，科学家通过精准的微生物组管理设计高产栽培品种和高效微生物接种剂以改善植物—根系微生态互作为育种方向，将更高效地提升农作物产量。

（来源：中国科学院）

美国研究人员利用转座子帮助扩展 CRISPR 工具箱

在一项新的研究中，为实现复杂多重的基因组工程同时避免靶位点免疫和转座子再重组等问题，美国北卡罗来纳州立大学的研究人员开发了一个具有高效和正交的 I-F3 型 CAST 扩展基因组编辑工具。研究成果于 2022 年 11 月 17 日发表在《核酸研究》（*Nucleic Acids Research*）上。项目资金由先正达种子公司提供。

研究人员选择来源于 γ-变形菌纲的 I-F3 型 CRISPR 相关转座子系统，预测了对转座活性至关重要的所有成分，尝试在不同的温度、不同转座子大小和不同靶点 PAM 序列等条件下分析它们的 RNA 引导的 DNA 整合活性，并在大肠杆菌中进行功能测试，能实现在大肠杆菌基因组上添加多达 10 000 个额外碱基的大片段 DNA，重写而不仅仅是编辑其基因组的大片段。这项研究使用新的 CRISPR RNA 引导的 DNA 整合系统，扩展了基于 CRISPR 的工具箱，可应用于复杂而广泛的基因组工程工作，在治疗学、生物技术和更可持续高效的农业需要灵活的基因组编辑时，可能对细菌和其他生物体的操纵产生重大影响。

（来源：North Carolina State University）

德国研究人员利用Cas9技术赋予冬大麦重要病毒抗性

德国植物遗传和作物研究所（IPK）使用Cas9基因剪刀成功修改了冬大麦基因，使其获得对重要病毒的新抗性。研究结果于2022年10月11日发表在《植物生物技术杂志》（*Plant Biotechnology Journal*）上。

通过土壤微生物传播给大麦的病毒，主要指大麦黄花叶病毒（BaYMV）和大麦温和花叶病毒（BaMMV），它们在秋季传播给冬大麦幼苗，导致的产量损失可高达50%。IPK的最新研究表明，参与三维蛋白质结构形成的*PDIL5-1*基因对植物的病毒抗性发挥着核心作用。*PDIL5-1*基因是一种易感性因子，依赖于宿主的病毒利用它在植物组织中繁殖。IPK的研究人员发现含有*PDIL5-1*基因变体的抗性基因库材料已通过突变失去了功能，不能再被病毒使用，通过使用Cas9基因剪刀靶向诱变关闭了两个易感大麦品种的*PDIL5-1*基因，试验获得成功，并且在大麦品种中没有任何额外的遗传变化。研究结果显示，在温室试验中，目标植物对大麦花叶病毒（BaMMV）感染具有抗性，且该方法对大麦植株的生长和产量没有负面影响。

（来源：*Plant Biotechnology Journal*）

CRISPR-Cas9基因编辑会导致DNA发生不可预见的基因结构突变

瑞典乌普萨拉大学的科学家发现，CRISPR-Cas9基因编辑会导致DNA发生不可预见的基因结构突变，且能够遗传给下一代。该团队通过显微注射RNP（gRNA+Cas9）对斑马鱼的受精卵进行基因编辑，再使用长读长纳米孔测序技术对两代共1 100多条斑马鱼进行基因组测序，结果发现大量各种类型的意外基因突变。经基因编辑的第一代斑马鱼中约6%出现了基因组结构变异并遗传给了后代，使第二代斑马鱼中有26%携带脱靶突变，9%携带结构突变。该研究提出，将CRISPR-Cas9应用于临床治疗前需谨慎验证，使用长读长纳米孔测序技术来验证基因编辑结果的新策略是降低其临床应用风险的重要一步。相关研究成果已发表在《自然通讯》(*Nature Communications*) 上。

(来源：*Nature Communications*)

新型基因驱动系统可逆转杀虫剂抗性

加利福尼亚大学圣地亚哥分校的生物学家开发出一种利用 CRISPR-Cas9 技术逆转杀虫剂抗性的方法。在农田上使用杀虫剂会导致害虫对杀虫剂产生抗药性，并误伤有益昆虫。研究人员使用基因编辑工具将果蝇中的抗杀虫剂基因替换为正常的杀虫剂敏感基因。这项新的研究表明，在没有杀虫剂处理的情况下，可以采用称为等位基因驱动的偏向遗传基因驱动来恢复杀虫剂的效力和昆虫种群的自然平衡水平。该技术可以显著减少杀虫剂的使用量，还可用于增加蚊子中天然存在的遗传变异的比例，使它们难以传播导致疟疾的寄生虫。研究成果发表在《自然通讯》(*Nature Communications*) 上。研究资金由印度塔塔信托基金提供。

(来源：SeedQuest)

德国开发新型基因剪刀可清除特定细胞类型

德国卡尔斯鲁厄理工学院 (KIT) 的科学家对现有的 CRISPR-Cas 分子"剪刀"进行优化，开发出针对植物的 CRISPR-Kill 技术。该技术可剪除植物特定的细胞类型——如花瓣或次生根等，从而阻止植物在发育过程中形成这些器官。CRISPR-Cas 只能针对 1 个位置切割 1~2 次以修改基因或染色体。CRISPR-Kill 技术可以针对相应细胞类型的基因组中普遍存在的、对细胞生存至关重要的序列，同时诱导多次切割，使细胞无法修复进而凋亡。在最新研究中，研究人员针对拟南芥的次生根和花瓣开展了相关研究。用 CRISPR-Kill 清除这些细胞后，植株不再形成任何花瓣或次生根，而植株仍然可以正常生长。未来，研究人员可以借助这项技术，让植物无法形成产生毒素的细胞，从而让食品生产和制药领域受益。此外，该技术还可以对多细胞生物的组织进行特殊修饰。这项研究可应用于农业和医学领域，也能帮助科学家们更深入地理解植物的发育机制。研究结果发表在《自然通讯》（*Nature Communications*）上。

（来源：ISAAA）

科学家发现明显提高玉米和水稻产量的新方法

来自中国农业大学和华中农业大学的科学家发现了可以明显提高玉米和水稻产量的 WD40 蛋白的趋同选择。科学家们研究了玉米产量性状基因座 *KRN2* 和水稻直系同源物 *OsKRN2* 的功能和分子演变，发现玉米中 KRN2 和水稻中的 *OsKRN2* 经历了保守选择，直系同源物编码 WD40 蛋白与功能未知的基因 *DUF1644* 相互作用，从而负调控两种作物的籽粒数量。敲除玉米中的 KRN2 或水稻中的 OsKRN2 可以提高玉米产量约 10%，水稻产量约 8%，并且对其他农艺性状没有明显的负面影响。进一步的全基因组研究确定了 490 个同源基因，这些基因在玉米和水稻进化过程中经历了趋同选择，其中包括 *KRN2* 和 *OsKRN2*。利用这些基因和同源基因进行的基因编辑试验显示，单株粒数增加的类似表型重复出现。这些发现将对作物改良研究以及提高全球作物产量产生重大影响。相关论文发表在《科学》（*Science*）上。

（来源：ISAAA）

美国科学家利用 3D 生物打印技术研究植物细胞功能

2022 年 10 月，美国北卡罗来纳州立大学的研究人员提出一种利用 3D 打印机“生物打印”细胞来研究不同类型植物细胞之间通信的可重复方法。通过这种方法人们能够了解植物细胞间、细胞与环境间交流方式，并创造出优良的作物品种以适应不断变化的生长环境。研究结果发表在《科学进展》（*Science Advances*）上。

该研究建立了一个 3D 生物打印植物细胞的框架，以研究细胞活力、细胞分裂和细胞特性，使生物打印的拟南芥和大豆细胞具备长期的细胞生存能力。为分析生成的大型图像数据集，研究人员还开发了一种高通量的图像分析方式。结果表明，生物打印的拟南芥根细胞具有细胞分裂和形成微愈伤组织的能力，其表达内胚层标记的特性可保持较长时间。这项研究建立的框架为使用3D生物打印技术、研究细胞重编程和细胞周期重新进入组织再生奠定了基础，证明3D生物打印技术在研究模型和作物物种的分离单细胞再生方面具有应用潜力。

（来源：phys. org）

美国研究人员利用微生物防控牛呼吸道疾病

牛呼吸道疾病（BRD）是肉牛场的常见疾病之一，每年给全球肉牛产业造成的损失高达20亿美元。美国阿肯色大学动物科学系赵江潮团队使用下一代测序法对牛鼻腔微生物组进行研究，着眼于预防或减轻断奶犊牛呼吸道疾病。美国农业部国家食品和农业研究所为这项研究提供了为期4年40万美元的资助。

该研究涉及美国农业部3个农业研究站，以30头犊牛为试验对象，使用下一代测序技术，观察犊牛在BRD感染期间被转录的病原体和动物免疫系统中的基因。研究人员结合培养组学，将鼻拭子中提取的微生物组样本涂抹到不同生长介质和气体的培养皿中，通过模拟牛呼吸系统环境对细菌进行培养，然后对培养皿上的菌落进行鉴定和表征。实验室团队基于大数据分析确定了几种潜在的益生菌。在后续研究中，将把这些益生菌喂回犊牛体内，观察其能否阻止或逆转BRD感染。这项研究有望促进益生菌产品的开发，使添加益生菌成为治疗或预防BRD的干预手段。由于致病菌对抗生素可能产生耐药性，因此，在疾病防控方面，益生菌产品将比抗生素更为安全、有效，更具应用前景。

（来源：University of Arkansas）

英国利用miRNA分子分析实现奶牛乳腺炎早期检测与干预

英国爱丁堡大学罗斯林研究所的研究人员发现，miRNA分子分析可以提供一种新的、早期准确检测奶牛乳腺炎的方法。奶牛乳腺炎是奶业生产普遍存在的问题，早期疾病检测对于减少全球奶牛乳腺炎具有重要意义。检测标志性炎症标记物有助于奶牛乳腺炎的早期检测。该研究确定了在奶牛乳房炎的临床症状出现之前，乳细胞中的 miRNA 分子水平可以作为检测炎症的准确方法，研究成果可实现奶牛乳腺炎的早期干预。

研究人员探索细胞中 miRNA 的遗传物质水平是否可以作为奶牛乳腺炎的可靠指标，研究了 4 种炎症相关的 miRNA 分子水平与加州乳房炎检测（CMT）评分之间的关联，数据来自 200 多个奶牛样本，涵盖了不同泌乳期奶牛。后续分析揭示了 CMT 评分对所分析的 4 种 miRNA 分子有显著影响。结果显示，4 种 miRNA 分子中的 3 种，即 miR-142、miR-146a 和 miR-223 的水平可在奶牛乳腺炎临床症状出现前实现早期诊断，且具有较高准确度。这项研究将有助于减少奶牛乳腺炎引起的奶业经济损失，改善奶牛的福利状况，并减少预防性抗生素的使用。研究成果发表在《科学报告》（*Scientific Reports*）上。

（来源：The University of Edinburgh）

加拿大开发猪流行性疫病快检方法

加拿大麦克马斯特大学（McMaster University）研究人员开发出 1 种基于适配子的快速检测方法用于检测农场动物疫病，以应对日益严重的动物疫情。该方法简便、准确、快速，兽医和其他动物看护人员能够据此快速识别感染的动物进行隔离和治疗。该测试方法的工作原理类似用于检测人类 COVID 方法，即将唾液样本与化学试剂混合，然后将混合液放置到 1 个小型的芯片阅读器上，将其连接到智能手机上，智能手机会在几分钟内显示结果。该方法已被证明能够有效检测猪流行性腹泻病（于 2014 年在加拿大首次发现），还可用于检测其他病原体和动物。这种动物疫病的快速检测方法一旦走向市场，将用于养殖场动物疫情防控，还将有效控制病毒由动物向人类传播的潜在风险。研究结果已发表在德国《应用化学》（*Angewantte Chemie*）上。该研究由加拿大自然科学和工程研究委员会资助。

（来源：McMaster University）

植物育种

美国科学家找到一种促进基因组编辑植物育种的方法

美国佛罗里达大学食品与农业科学研究所（UF/IFAS）的科学家发现了一种利用植物发育调控因子（Development regulators）将DNA导入植物细胞组织，培育整株植物的新方法。

植物遗传转化是将基因组编辑等生物技术应用于植物科学基础研究和应用研究的关键步骤，其成功主要依赖于基因导入植物细胞的效率和转基因植物的再生能力。科学家发现，将一种名为*PLT5*的植物发育调控因子导入植物茎中，有助于金鱼草和番茄长出新芽。此外，*PLT5*可以帮助卷心菜幼叶或叶柄在培养皿中长成整株植物。一般来说，植物细胞很难通过组织培养长成整株植物。通过应用*PLT5*，科学家更有效地将基因或DNA片段传递到植物细胞中，植物可以更有效地从细胞水平生长成大的植株。研究结果表明，对*PLT5*的操作是提高植物和离体转化效率的有效途径，该方法（转化体系）可用于促进基因组编辑或其他植物生物技术在现代农业中的应用。

（来源：UF/IFAS）

黄三文团队在泛基因组与植物育种领域取得重大研究进展

2022年6月8日，《自然》（*Nature*）在线发表了深圳农业基因组研究所黄三文团队在植物基因组学领域的两项重要研究成果，为实现泛基因组在作物育种的应用提供了新的解决方案。

野生与栽培马铃薯的基因组进化与多样性

该研究组装了多个高质量马铃薯参考基因组，鉴定得到多个高质量的结构变异，并且首次构建了栽培和近缘野生马铃薯的大片段倒位图谱，为马铃薯杂交改良提供了重要指导。

通过马铃薯、番茄和Etuberosum的多组学比较分析，研究人员鉴定到一个可能在薯块发育过程中发挥关键作用的TCP转录因子，并发现在薯块发育的起始时期发挥关键作用的基因，将其命名为薯块身份基因 Identity of Tuber（*IT1*），*IT1* 与结薯移动信号因子 SP6A 相互作用，决定了块茎的形成。该研究解析了马铃薯和姊妹类群之间的进化关系，并且对块茎进化提出见解，更重要的是，发现了与农艺性状紧密关联的结构变异。这项研究将为其他作物泛基因组研究提供参考方法。

利用图泛基因组找回丢失的遗传力和促进番茄育种

该研究利用图泛基因组解决了遗传变异检测难题，并从遗传标记的不完全连锁、等位基因异质性和位点异质性 3 个方面找回“丢失的遗传力”，为解析生物复杂性状的遗传机制和番茄育种提供了新思路。

数量遗传学领域有一个重要的问题，被称为“遗传力丢失”（Missing heritability），即通过遗传标记估计的遗传力以及通过全基因组关联分析（GWAS）发现的所有相关基因所贡献的遗传力总和，均低于实际的遗传力。为了展示找回的遗传力在育种中的实际作用，研究人员首先对可溶性固形物含量（SSC）进行分析，共鉴定出 2 个潜在的与 SSC 含量高度相关的结构变异（SVs），可以用于未来的分子标记辅助选择。而对影响番茄风味的 33 种代谢物进行分析发现，利用全部的 SVs 作为分子标记进行基因组选择的效果最佳。研究人员进一步精心选择出一个不超过 2.1 万 SVs 的数据集，发现如果利用该数据集设计育种芯片，GS 的准确率可能超过利用全部的 SNPs。该研究为基于 SVs 设计分子标记提供了理论支撑。这项工作是对图泛基因组概念最全面的分析。图泛基因组将可能成为基因组分析和作物基因组育种的标准，该篇论文具有奠基性意义。

（来源：中国农业科学院深圳农业基因组研究所）

中国农业科学院提出基因组—环境组集成智能育种新策略

中国农业科学院作物科学研究所的创新团队提出了大数据和人工智能驱动下的智能育种新策略——基因组—环境组集成预测。这一新策略的提出将改变过去主要利用基因型和表型进行选择的育种模式，使未来育种能够在基因型—表型—环境型全方位信息支撑下，准确预测特定基因型在特定环境下的表现，实现真正意义上的适应气候变化、适应特定环境的定向育种。

研究全面介绍了引入不同时空的环境型变异及其与基因型和表型的数据集成所产生的大数据对人工智能的挑战，讨论了基因组—环境组集成预测有关的概念及其模型的构建、优化与实施。该研究展望了如何利用智能育种提升植物改良的遗传增益，包括集成和利用各种育种技术和方法，通过平台、技术、设施、群体、数据、模型甚至育种材料的共享，实现资源利用和育种效率的最大化，在开源育种和服务平台的支持下，有效开展智能育种。基因组—环境组集成预测新策略将推动智能育种和作物栽培生理等领域的重大变革。研究成果于 2022 年 9 月 7 日在线发表在《分子植物》（*Molecular Plant*）上。

（来源：中国农业科学院作物科学研究所）

机器学习和基因组编辑技术融合提高作物适应力

英国农业技术初创公司 Phytoform 斥资 570 万美元通过机器学习和基因编辑技术结合，提高作物适应力。Phytoform 的 CRE. AI. TIVE 平台利用机器学习锁定 DNA 序列中的微小变化，这些变化可能影响包括植物健康在内的多种性状。利用这种机器学习，系统分析了植物中的 DNA 序列组合，识别出有效的性状以提高植物对病虫害的适应力。然后，利用 CRISPR 基因编辑技术将这些性状直接植入作物品种中。新的资金将主要用于加速技术开发，使其能够在更多的作物上使用，并进入实际领域进行测试。Phytoform 还计划将其番茄和马铃薯新品种推向市场。

（来源：Agfunder）

中国研发出新一代遗传育种智能模拟平台

中国农业科学院作物科学研究所自主研发了新一代模块化遗传育种智能计算机仿真模拟 Blib 平台，为作物育种方法和育种流程的比较和优化、生物信息和遗传大数据的有效育种利用、分子设计育种和全基因组选择等领域的研究工作提供了实用的模拟预测和决策支持计算机工具，研究结果于 2022 年 11 月 3 日发表于《生物学通讯》(*Communications Biology*)。

研究人员构建了一个适合于所有二倍体物种（或减数分裂行为与二倍体相似的多倍体物种）的通用计算机仿真模拟平台，名为 Blib。平台能够处理目前已知的所有遗传模型，包括细胞质信息、细胞核基因组信息、加性—显性—上位性效应模型、遗传连锁、突变、雌雄配子育性等；可以模拟产生各种类型的遗传和育种群体，包括自交群体、杂交群体、随机交配群体、无性系繁殖群体、有选择群体、无选择群体等。基于 Blib 平台，开发出适宜于特定物种、特定育种方法、特定遗传现象的各种应用程序和模块，进而模拟优化遗传育种方法，对特定亲本杂交后代的表现进行预测。这些模块能够将大量的遗传信息与育种家的育种需求结合起来，供其在开展田间试验前模拟预测不同的杂交和选择方案，通过比较不同育种方法的优劣，设计出最优的育种亲本和育种方案，实现育种过程中获得实时决策，最终实现遗传研究、分子设计与传统育种的有机结合。Blib 平台及其应用模块为即将到来的基于大数据和智能化决策的育种 4.0 时代提供必不可少的技术支撑。

（来源：中国农业科学院作物科学研究所）

中国科学院在小麦远缘杂交及抗 Ug99 研究中取得进展

中国科学院遗传与发育生物学研究所韩方普课题组在小麦远缘杂交及抗 Ug99 研究中取得进展。研究人员通过远缘杂交的方法将黑麦中的优异抗病基因转移到小麦中，与普通小麦杂交及染色体加倍获得两个新的八倍体小黑麦 843-61 和 843-42（AABBDDRR），利用亲本小麦进行回交并连续自交，后代中成功筛选到两套完整的小麦—黑麦二体附加系材料。在单体附加系后代中，通过细胞学检测及系统选育，获得一套单端体附加系新材料。通过抗病性鉴定、细胞学分析和分子标记检测发现小麦—黑麦 3RL 附加系高抗秆锈病，且 3RL 染色体臂存在新的抗 *Ug99* 基因，为小麦抗病育种提供了新的种质资源。研究组正在筛选含有 3RL 染色体的易位系并希望获得含有抗病基因的新材料。

研究成果于2022年6月8日发表于《理论与应用遗传学》(*Theoretical and Applied Genetics*),该研究得到国家自然科学基金、基金委重点项目和科技部资金支持。

(来源:中国科学院遗传与发育生物学研究所)

CIMMYT全基因组选择育种以遏制小麦瘟病

国际玉米和小麦改良中心(CIMMYT)联合其合作伙伴首次利用基因组选择技术开展了抗小麦瘟病育种研究,并对该应用进行了评估。小麦瘟病是一种由稻瘟病菌引起的致命病害,首次发现于巴西,已从南美洲跨洲蔓延到亚洲和非洲。研究人员通过将小麦瘟病响应相关的基因型数据和精确的田间数据结合,对孟加拉国和玻利维亚在几个作物周期中种植的3组具有遗传多样性的小麦品系和品种(超过700个)进行了基因组选择评估,加速了抗瘟小麦品种的培育。2NS易位是20世纪80年代引入小麦的草种风毛草的染色体片段,是抗瘟病的强大而稳定的来源。该研究将与2NS易位相关的少量分子标记的使用与使用数千个全基因组标记的预测进行了比较,在基于2NS易位抗瘟病有效的环境中,对标记易位的1至数个标记物进行基因分型足以预测瘟病反应,可能不需要全基因组标记物。还观察到,基于一些与小麦瘟病相关标记的标记辅助选择优于基因组选择,这项研究证明了分子标记辅助选择和基因组选择在小麦抗瘟病育种方面的潜力,表明分子标记辅助选择可能是选择2NS易位型瘟病抗性的有效策略。同时强调,进一步努力使用基因组工具来鉴定非基于2NS易位的抗瘟病是至关重要的。研究结果发表在《植物科学前沿》(*Frontiers in Plant Science*)上。

(来源:Agropages)

中国科学家利用多重基因组编辑培育抗病小麦

小麦白粉病是由真菌引起的世界范围性病害,普遍分布于各主要产麦国,是小麦生产中的重大病害之一,长期威胁小麦稳产。中国科学院遗传发育所高彩霞团队、中国科学院微生物所邱金龙团队和中国科学院遗传发育所肖军团队联合开发出一种小麦新突变体Tamlo-R32。该突变体对小麦白粉病具有较强的抗性，且不表现出任何生长或产量缺陷。研究人员使用传统育种方法将Tamlo-R32突变体与优良小麦品种杂交，成功地将抗病性状引入优良品种，并使用多重CRISPR基因组编辑技术直接在优质小麦品种中创建相应遗传扰动，从而在2~3个月成功创建广谱抗白粉病小麦，获得了广谱抗白粉病并且高产的小麦新品系。该成果突出了叠加遗传变化的潜力，代表了利用易感基因培育抗病植物的重要理论和技术突破。

（来源：Agropages）

美国ARS培育具有气候适应力的小麦

美国农业部农业研究服务局（ARS）的科学家对多种重要谷类作物进行了两种耐胁迫实验：一是将作物暴露在高达1 000毫克/升的CO_2（预计本世纪之交没有缓解措施下温室气体的浓度）中；二是将作物置于温暖潮湿，易于感染禾谷镰孢菌（*Fusarium graminearum*）的环境中。禾谷镰刀菌可引起镰刀菌头部枯萎病，是一种对全球小麦、大麦和燕麦作物破坏性极强的病害，受到侵染的作物不能再用作食物或饲料。通过实验，研究人员评估了不同小麦品种对这些胁迫的恢复力。研究结果显示了对这两种胁迫采取行动的必要性。可付诸的行动包括：系统评估具有同样抗枯萎病遗传来源的美国小麦品种对CO_2含量高的环境胁迫的反应，随着全球气候变化的加剧，这些品种的疫病（小麦赤霉病和壳针孢叶枯病等）形势可能会加剧；仔细检查现有小麦种质或谷类作物的野生近缘物种，寻找可以遗传到受影响品种中的性状，以增强其气候适应性，保持理想的谷物营养水平和抗枯萎病能力。

（来源：美国农业部）

英国开始对基因编辑大麦进行田间试验

由英国剑桥大学和英国国家农业植物研究所（NIAB）联合组建的作物科

学中心开展了针对转基因和基因编辑大麦的田间试验。这项研究将对改良作物与土壤中真菌的相互作用进行评估，对其能否帮助大麦更有效吸收土壤中的水分、氮和磷提出科学意见。这项田间试验将评估一种经过基因改造提高 *NSP2* 基因表达水平的大麦品种。*NSP2* 基因天然存在于大麦中，提高其表达可增强作物与菌根真菌结合的能力；试验还将测试通过基因编辑抑制作物与丛枝菌根真菌相互作用的大麦品种。科学家通过评估这些相互作用，以更好地量化微生物如何支持植物发育，测量高真菌感染能力的品种和被抑制的品种的产量和谷物营养含量，同时将两者与传统育种大麦植株的表现进行比较。

（来源：University of Cambridge）

中国农业科学院研发创制玉米穗腐病抗性育种技术

中国农业科学院作物科学研究所作物分子育种技术和应用创新团队通过基因编辑靶向编辑玉米内源基因，创制的突变体在多个环境下对玉米拟轮枝镰孢穗腐病具有明显抗性，为抗病育种提供了重要的种质材料与育种技术基础。研究结果于 2022 年 8 月 25 日在线发表在《植物生物技术》（*Plant Biotechnology Journal*）上。

玉米穗腐病的病原真菌是镰孢菌，其中，拟轮枝镰孢和禾谷镰孢是为害最大的两种优势致病菌。该研究采用 CRISPR-Cas9 基因编辑技术，创制了系列目标基因突变体。其中，获得了 3 个 *Zmfer1* 基因隐性纯合突变体，包括已删除 CRISPR-Cas 基因编辑元件的 E1（1 bp 插入）、E2（1 bp 插入）和 E3（5 bp 缺失）。分别在北京（2020 年、2021 年）、海南（2021 年）采用突变体与野生型种子 1∶1 混合盲样人工接种拟轮枝镰孢，开展单株基因型鉴定与表型鉴定进行抗性分析。结果表明，与野生型相比，突变体均一致表现为中等抗性水平。对发病籽粒进行了验证鉴定，发现与接种抗性材料相比，感病野生型发病籽粒的主要伏马毒素高达数千倍，符合拟轮枝镰孢致病特征，且病原鉴定表明病害表型来源于接种的拟轮枝镰孢。同时，没有发现突变对其他农艺性状有显著的负面影响。该研究为继续深入深化镰孢菌抗性机制及其育种应用研究奠定了重要基础。

（来源：*Plant Biotechnology Journal*）

中国科学家利用玉米杂交不亲和基因研发制种新技术

中国科学院遗传与发育生物学研究所陈化榜研究小组创建了一种基于花粉管延伸抑制（pollen-tube-inhibitin-based，PTI-based）的不育制种新技术。该技术区别于传统的使用花粉致死基因阻碍授粉进程，利用玉米单向杂交不亲和（Unilateral cross-incompatibility，UCI）基因 *ZmGa1F* 抑制转基因花粉管的生长，阻碍转基因的有性传递。研究从 4 种不同特异表达的启动子中筛选出成熟花粉粒特异的 *Zm13* 和 *Pg47* 驱动 *ZmGa1F* 配子型表达，证明了 *ZmGa1F* 取代花粉致死基因的可行性。

研究小组以该实验室创制的 ipe1 雄性不育系为研究对象，验证了该技术的可行性和有效性。PTI-based 杂交制种技术的保持系在 *ipe1* 雄性不育系背景中导入一个转基因盒，其中，包含 *IPE1* 基因用于恢复转基因植株的雄性育性，*ZmGa1F* 基因用于阻止转基因花粉逃逸，*DsRed2* 红色荧光蛋白编码基因用于区分雄性不育和雄性可育的种子，以及 *Bar* 基因用于转基因植株抗除草剂的筛选。在亲本繁殖过程中，PTI-based SPT 保持系自交，产生 *ipe1/transgene* 和 *ipe1/-*基因型的配子，而 *ipe1/transgene* 基因型的花粉由于 *ZmGa1F* 抑制花粉管的延伸而不能使雌配子受精。收获的种子为 *ipe1/ipe1* 和 *ipe1/transgene*（1∶1）基因型，两类种子可以通过荧光分选进行分离。对 PTI-based SPT 安全性进行了检测，发现保持系授粉 6wc 自交系杂交产生的 20 万多粒种子中没有检测到一粒发出荧光的转基因种子，表明该技术的转基因传递率显著低于同类技术，具有广阔的应用潜力。研究成果于 2022 年 9 月 30 日在线发表在《中国科学—生命科学》（*Science China-Life Sciences*）上。

（来源：中国科学院遗传与发育生物学研究所）

中国研究人员利用基因编辑技术开发低谷蛋白水稻

江苏省农业科学院和扬州大学的研究人员使用 CRISPR-Cas9 基因编辑系统开发了低谷蛋白水稻。水稻育种者培育出谷蛋白含量低、口味适宜的高产水稻品种以满足慢性肾病和苯丙酮尿症患者食用谷蛋白含量低的大米的需求。在这项研究中，研究小组使用 CRISPR-Cas9 同时编辑 7 个与水稻中谷蛋白产生有关的基因。结果表明，9 个编辑品系中有 2 个品系的谷蛋白含量显著降低，甚至低于谷蛋白含量低的品种 LGC-1。这两个品系具有与野生型相似的农艺性状，包括产量成分和黏度特性，表明它们可以作为低谷蛋白水稻育种新品种或亲本材料，参与进一步育种。研究结果于 2022 年 11 月发表在《植物科学》（*Plant Science*）上。

（来源：ISAAA）

水稻生物固氮育种新进展

美国明尼苏达大学、西班牙马德里理工大学和莱里达大学等机构的研究人员合作，在不同转基因水稻品种中生产出可以表达固氮酶的两种关键成分——二氮还原酶（Fe 蛋白，NifH）和固氮酶辅因子成熟酶（NifB），并首次培育出转基因生物固氮水稻品种。

作物的生长和生产力的维持需要氮，将固氮酶基因引入农作物可提供独立的生物固氮机制，但固氮酶生物合成的遗传和生化复杂性阻碍了这项技术的开发。研究通过改造水稻表达选定的两种基因，将相应的蛋白质靶向线粒体使氧气损伤最小化，并使 NifH 正确折叠和保持酶活性。该研究目前已生成表达固氮酶结构成分 NifH 的转基因水稻植株。这项工作具有开创性，首次证明了在植物中稳定表达这些高度氧敏感、具有活性的蛋白质的可行性。相关研究分别于 2022 年 10 月 5 日和 8 月 23 日发表在《生物学通讯》（*Communications Biology*）和《美国化学学会合成生物学》（*ACS Synthetic Biology*）上。

（来源：phys. org）

爱丁堡大学培育第一种“倒时差”植物

英国爱丁堡大学的研究团队培育出一种永久性的“倒时差”植物，发现打乱植物生物钟会影响它们的生长。该团队还为这种植物建立了一个计算机模型，能够准确预测生物钟调节对植物生长的影响，并识别出受错误时钟基因影响的分子路径。该研究有助于在分子水平上进行作物改良，提高作物产量和适应力以更好地应对气候变化。此项研究是在创造复杂多细胞数字生物体方面迈出重要一步，研究结果于 2022 年 5 月 30 日发表在《*in silico Plants*》上。

生物钟是细胞内调节器，可控制时间基因表达模式，从而控制新陈代谢、生理和行为。研究人员对拟南芥生物钟基因突变进行研究，发现在这些突变体中，夜间从淀粉中释放糖的速度比正常植物慢，植株生长减缓。他们为这些时钟突变体创建了一个计算模型，称为框架模型，该模型将时钟基因活动的数学模型与代谢和生理模型相结合。研究结果显示，框架模型准确地模拟了生物钟对植物生长的影响，正确预测了生物钟突变体在夜间从淀粉中缓慢释放糖分是导致其生长放缓的原因。除了揭示植物 24 小时生物钟的作用外，该框架模型还能够通过可测量的分子途径将基因与其对整个植物的影响联系起来。下一步，该团队将使用拟南芥框架模型来预测植物的基因组序列如何控制这些植物的表型（即物理特征和性状）。

（来源：phys. org）

美国、英国食品公司利用碱基编辑技术推动香蕉和咖啡育种创新

碱基编辑技术因其可以精准、高效地对基因组进行修饰而得到广泛关注，为基因编辑领域带来了重大变革。美国食品技术公司 Pairwise 宣布与英国农业技术公司 Tropic Biosciences（Tropic）达成许可协议，授权 Tropic 使用碱基编辑工具对咖啡和香蕉作物进行育种改良。Pairwise 的碱基编辑技术为哈佛大学的独家专利授权，该公司已利用该技术完成了对 11 种作物的转化和编辑，碱基编辑所提供的精确度使研究人员获得了早期编辑技术无法实现的性状。该许可协议将使这一技术的使用范围扩大到重要的热带经济作物，进一步加快全球咖啡和香蕉作物的育种创新。

（来源：Agropages）

美国 AgriLife Research 利用无人机技术加速水稻育种

美国得克萨斯 A&M AgriLife 研究中心将实施一项由美国农业部食品和农业研究所资助，为期 3 年的项目，该项目资助金额为 65 万美元。该研究项目将开发一种集成无人机成像、机器学习和多特征决策等技术的数字化水稻选育系统，以加速水稻品种的选择和育种。研究人员将利用无人机在水稻生产的关键阶段（包括幼苗、分蘖、开花、灌浆和成熟）捕捉水稻作物的实时图像，从图像中提取作物表型特征，并最终分析这些信息以发现优质、高产的水稻基因型。基于无人机的高通量表型分析有望缓解表型分析瓶颈，可以对处于作物选择周期（Crop Selection Cycles）中正在生长的水稻的数千种基因型进行重复无损测量。该研究项目将开发先进的机器学习算法来提取作物的关键性状，基于多性状的机器学习模型来估计最终的谷物产量，以及多标准决策系统以选择最佳水稻基因型。

（来源：AgriLife）

美国利用基因编辑新技术实现柑橘品种改良

来自美国佛罗里达大学和密歇根州立大学的科学家以柑橘病程相关基因非表达子（CsNPR3）为靶点，开发了一种针对柑橘原生质体 DNA 的 CRISPR-Cas9 技术。柑橘具有复杂的生物学特性，是传统育种中较难改良的植物之一。原生质体转化法是通过将体外整合重组的 DNA 片段转入植物基因组，通常被用于转基因植物的开发。为了提高柑橘原生质体转化效率，科学家将包含靶向 CsNPR3 基因的 CRISPR-Cas9 构建体转染到柑橘原生质体中，获得了实现 CsNPR3 表达下调和 CsNPR1 上调的 9 种基因组编辑甜橙植株。目前，科学家已生产出性状稳定的基因组编辑柑橘植株。研究表明这项新技术可以成功传递供体 DNA，是一项改善植物生长、提高其抗生物和非生物胁迫能力可行技术。研究成果发表在《植物方法》（*Plant Methods*）上。

（来源：ISAAA）

基因编辑番茄可能成为维生素 D 新来源

来自英国约翰英纳斯中心（John Innes Centre）、智利康赛普西翁大学等机构的研究团队通过基因组编辑开发出一种来自植物的新维生素 D 膳食来源。该研究通过基因编辑技术改变番茄维生素 D_3 的积累，修改了茄科植物中植物甾醇生物合成的重复部分，可促进维生素 D_3 合成，从而提供一种生物强化食品。

已知维生素 D 缺乏会削弱免疫功能并导致炎症，还与癌症、帕金森病、抑郁症、神经认知功能下降、痴呆症等多种疾病的严重程度和风险增加有关。在这项研究中，研究人员使用 CRISPR-Cas9 基因编辑技术敲除了编码酶 Sl7-DR2 的基因，以促使维生素 D_3 原（7-DHC）在成熟番茄果实中积累。研究发现，Sl7-DR2 失去活性后并没有影响植物甾醇和油菜素内酯的生物合成，对番茄品系生长、发育或产量也均没有影响。相反，Sl7-DR2 的失活导致番茄叶片和未成熟的绿色果实中 7-DHC 的水平大幅增加。为了验证 7-DHC 是否可以转化为对人体有益的维生素 D_3，研究人员将番茄进行了 UVB 照射，结果发现，一个番茄中由 7-DHC 转化为维生素 D_3 的含量相当于两个中等大小鸡蛋或 28 克金枪鱼中的维生素 D_3 含量。

这项技术也可以应用于其他茄科植物，如甜椒、辣椒、茄子和土豆。此外，经基因编辑的番茄植株叶子也含有大量 7-DHC，该研究团队正在寻找将果实以外的废弃物转化为植物维生素 D 补充剂的方法。这项研究已于 2022 年 5 月 23 日发表在《自然植物》（*Nature Plants*）上。

（来源：John Innes Centre）

韩国开发生物钟基因编辑白菜

韩国农业振兴厅宣布了一项新的研究成果，研究人员利用 CRISPR-Cas9 技术对白菜的生物钟基因进行编辑，发现了能够提高白菜生产性能和品质的育种材料。

生物钟基因之一的 *PRR1*（Peseudo Response Regulator）与植物在高温和低温下的压力反应有关，也与光合作用产物的生产和消耗过程有关。白菜有两个 *PRR1* 基因，分别为 *PRR1a* 和 *PRR1b*，研究团队利用 CRISPR-Cas9 技术开发了 *PRR1a* 编辑白菜和 *PRR1a*、*PRR1b* 同时编辑的白菜。其中，*PRR1a* 编辑白菜的幼苗下胚轴延长，生理节奏周期可提前 3 个小时，由此研究人员推测 *PRR1a* 在白菜生长中发挥着重要作用。

后续研究人员将以开发的基因编辑白菜为对象，检测其对高温、寒冷等极端温度压力的应激表现和抗逆性，以及其代谢产物和葡萄糖酸酯等功能性成分的变化。这项研究有望为利用生物钟基因作为提高白菜产量和质量的新育种策略奠定基础。研究成果发表在《国际分子科学杂志》（*International Journal of Molecular Sciences*）上。

（来源：kfdn）

美国加州大学戴维斯分校开展生菜抗性育种

加州大学戴维斯分校泰勒实验室正在开发对细菌具有抗性的生菜品种，旨在延长生菜的保质期，并提高其营养价值。研究人员发现，生菜基因组中的一些区域与生菜叶片的构造细节有关——这种结构决定生菜叶片是否适于细菌生长。研究还发现了与植物抵抗细菌入侵能力相关的基因区域，相关的基因特性使生菜更容易受到冰箱中微生物的影响。

为找到更具抗性的生菜品种，泰勒实验室在美国多个生菜种植大区的试验田种植并研究了大量商业品种，包括多种结球生菜、罗马生菜、黄油生菜、红叶生菜和绿叶生菜。该团队还发现了与抗氧化物、叶绿素和胡萝卜素等营养品质相关的基因区域，下一步计划研究找出细菌、生菜叶结构和控制它们的基因之间的确切关系。

（来源：SeedQuest）

巴西利用叶绿素荧光和人工智能技术识别豆类种子成熟度

巴西圣保罗大学农业核能中心开发出一种自体荧光光谱成像技术，该技术基于种子组织荧光信号，可以对不同成熟阶段的豆类种子进行分类。研究小组利用光学和人工智能证明叶绿素荧光是大豆种子成熟度的一个有效和可靠的指标。研究成果于 2022 年 6 月 14 日发表在《植物科学前沿》（*Frontiers in Plant Science*）上。

巴西法律规定，种子质量分析必须由农业部认可的技术人员进行，并且需要根据颜色进行人工分类。研究小组培育了一个商业品种（MG/BR 46 “Conquista”）植株，并收集了 5 个繁殖阶段的种子：R7. 1（成熟初期）、R7. 2（质量成熟期）、R7. 3（与母株分离的种子）、R8（收获期）和 R9（最终成熟期）。从不同的激发/发射组合拍摄的图像中提取自体荧光信号。同时，还研究了不同成熟阶段种子的物理参数、发芽率、活力和色素动态。为验证基于自体荧光光谱成像预测种子成熟阶段的准确性，该研究基于三种算法创建了机器学习模型：随机森林、神经网络和支持向量机，使用自体荧光光谱技术分类大豆种子的成熟阶段。机器学习算法对种子成熟的不同阶段进行了高效分割。研究结果表明，大豆种子的成熟阶段在叶绿素的波长上具有自发荧光光谱特性，这使得该技术可以作为种子成熟度和优良生理品质的标志。

（来源：SeedQuest）

以色列开发用于垂直农业的新型作物品种

2022 年 8 月 16 日，NRGene（基因组大数据公司）和 Granot Group（以色列集体合作农业组织，下辖 20 家工厂和公司）宣布建立合作伙伴关系，共同开发优良的室内和垂直农业种植品种。目前正在合作开发的是用于垂直农业设施的奶牛饲用小麦幼苗，新改良的小麦品种将降低小麦的生产成本。

Granot Group 将为该项目提供 200 万美元的资金以及动物饲料相关的专业知识。此外，Granot Group 将有权在以色列和全球其他地区获得新品种的独家经销权。NRGene 将领导研发过程，并负责提供项目所需的其他资金。新品种预计于 2024 年上市。

在开发创新型动物饲料的同时，两家公司也将评估其他农作物和供人类食用的新鲜农作物品种。NRGene 的人工智能技术通过计算识别特定作物的最佳遗传物质，可以准确、快速且经济高效地开发出新品种。由于这些品种的开发没有涉及基因修饰或基因编辑，其在全球范围内的生产或商业化将不会受到监管限制。

（来源：NRgene）

USDA/NIFA资助美英联合研究开发抗病小麦

美国印第安纳大学、普渡大学和英国洛桑研究所开展了小麦和大麦品系枯萎病（由禾谷镰刀菌引起）抗性育种研究。该研究已获得美国农业部国家食品和农业研究所（USDA/NIFA）120万美元的资助。这项研究旨在以小麦为研究重点，开发出检测植物细胞内外病原体蛋白酶的方法。研究团队利用植物的内源性监测系统，在病原体分泌的蛋白酶裂解特定信号蛋白时激活免疫反应。研究团队将利用基因编辑技术，为这些病原体蛋白酶创造诱饵底物，这些蛋白酶在裂解后将激活植物免疫系统，从而赋予植物抵抗感染的能力。该研究提出的细胞内和细胞外蛋白酶检测系统组合获得成功后，还将被用于对抗其他谷物病原体，如锈菌和线虫。预计这种方法将大幅减少种植者对杀虫剂的依赖，并在提高作物产量的同时，降低种植成本。

（来源：SeedQuest）

动物育种

中国首次实现全流程机器人自动化“孕育”克隆猪

2022 年 3 月 31 日，南开大学联合天津市农业科学院畜牧兽医研究所利用自动化操作克隆技术，使一头普通的“代孕”母猪怀孕 110 d，诞下 7 头克隆纯种小长白猪。这是世界首次通过自动化操作完成克隆全流程获得的克隆动物。该研究获得了国家重点研发计划的立项支持。

自动化操作克隆技术，利用显微视觉建立了最大厘米级、最小亚微米级分辨率的全局视野，提高了操作效率，实现了克隆操作批量化；通过细胞受力分析，实现了基于最小力的克隆操作自动化；通过细胞内应变评估，降低了克隆操作过程对卵母细胞的损伤，提高了克隆操作后胚胎发育率，实现了克隆操作精准化。采用自动化操作克隆技术，可将克隆成功的囊胚率，从人工操作的 10%提高到 27.5%，囊胚率提升 2.75 倍。研究结果显示，单胎代孕母猪产仔数，从人工克隆猪的平均不足 5 头，提升到机器人化、自动化克隆猪两批 3 胎共 24 头，平均单胎产仔 8 头，提升了 60%以上。第一批机器人操作的克隆猪已用于育种生产，13 头健康克隆猪有 9 头留种，留种率 69%，与普通种猪留种率 35%相比翻了一番。

（来源：南开大学）

日本开发牛胚胎活细胞无创成像技术

日本近畿大学的研究团队开发了一种用于牛胚胎内活细胞无创成像技术，以识别和发掘早期染色体错误与胚胎死亡之间的联系。受精卵细胞分裂时发生染色体分离，两个细胞都应有一套完整的染色体。染色体分离错误会导致非整倍性，即细胞中的染色体增多或减少。在人类和牛的早期分裂阶段，均有大量非整倍性报道，但尚未阐明其与后续发育的关系。因此，研究人员试图利用组蛋白 H2B-mCherry mRNA 探针在牛的早期胚胎中生成无创活细胞成像来澄清这种关系。该研究观察了健康牛胚胎发育过程中染色体的分离过程；胚胎早期卵裂分裂过程中的微核形成是非啮齿类哺乳动物胚胎死亡的潜在标志；染色体分离错误并不总是与囊胚移植后的胚胎死亡有关。该技术有助于探究染色体分离误差与之后胚胎发育之间关系，在筛选更优的辅助生殖技术衍生胚胎用于医疗和畜牧生产方面具有较大潜力。研究论文发表在《生物化学与生物物理研究通讯》（*Biochemistry and Biophysical Research Communications*）上。

（来源：phys. org）

中国通过新种质资源创制首次获得基因编辑短尾细毛羊

中国农业大学动物科技学院与新疆畜牧科学院生物技术研究所的研究团队基于 CRISPR-Cas9 基因敲除技术，对细毛羊进行尾长（TBXT）基因编辑，在国际上首次获得了基因编辑短尾细毛羊。该研究组装了高质量染色体水平的盘羊、西藏绵羊及其杂交 F_1 代全基因组，揭示了非同源染色体间融合以及非整倍体杂交后代可育的遗传基础，探索了野生和家养绵羊的染色体进化机制。通过进一步构建野生帕米尔盘羊与西藏绵羊杂交群体以及哈萨克羊与特克塞尔羊杂交群体，利用盘羊与西藏绵羊杂交后代的新表型特征和高深度重测序数据，基于全基因组关联分析，发现了一批与重要表型性状相关的重要功能基因及突变，为绵羊种质创新提供了新的候选基因，尤其是发现的影响绵羊尾长和尾椎数的 *TBXT* 基因突变，为培育短尾绵羊提供了珍贵的基因资源。

该研究构建了包含 39 个西藏绵羊、8 个野生盘羊和 328 个杂交后代的大型杂交群体。研究对了解物种进化过程中基因组/染色体的形成，充分利用野生近缘种创制家畜新种质具有重要意义；研究发现的野生与家养绵羊杂交后代的新特征表型性状，为家畜育种提供了新的思路；创制的基因编辑短尾细毛羊种质资源和发现的新基因、新突变用于育种实践，为进一步加快绵羊遗传改良和新品种培育，打好种业翻身仗，推进种业振兴提供了新的种质资源和科技支撑。研究结果于 2022 年 8 月 10 日发表在《基因组研究》（*Genome Research*）上。

（来源：中国农业大学）

中国农业科学院成功研发生猪基因芯片

中国农业科学院深圳农业基因组研究所李奎团队基于梅山猪、巴马香猪等基因组序列、功能元件、生物学功能、多态信息含量及单倍型特征等数据，开发出一款生物芯片，命名为“天鹏香芯”，根据其位点特征，又称为猪 70K 功能位点基因芯片。该芯片可用于检测梅山猪、巴马香猪肉质品质相关的基因表达量，且涵盖了我国地方猪种多个特有的变异和位点，对推动瘦肉猪选育，保护我国地方猪遗传资源具有重要意义。

“天鹏香芯”采取了液相芯片策略，具有完全自主知识产权，能够灵活增删、筛选检测位点。在高精度的梅山猪参考基因组指导下，芯片设计整合了我国地方猪种特有的变异和位点，结合了梅山猪、巴马香猪等品种肉质相关位点 2 664 余个，涵盖 ISwine 整合组学数据库中 20 多万个调控元件信息，位点在基因组上分布均匀，且分布于基因组活性调控区域，有效育种信息含量高。此外，芯片制备采用了人工智能技术，大大优化了探针特异性，显著提高了探针捕获效率。该生物芯片在组织和精液样本中均表现优异，其中位点分型准确性和检出率均在 99%以上，芯片探针捕获特异性超过 82%。该研究成果在猪育种过程中，能够大幅提升育种效率，精准把控育种方向，有助于培育出具有高瘦肉率等优质性状的猪品种，将在未来生猪产业发展中发挥重要作用。

（来源：中国农业科学院深圳农业基因组研究所）

美国奶牛基因组选择技术应用进展

美国奶牛育种委员会（CDCB）开展的遗传评估项目表明，基因组选择使奶牛育种发生了革命性的变化，使遗传增益的速度翻了一番。研究结果于 2022 年 9 月 9 日发表在《前沿》（*Frontiers*）上。

基因组评估可以在公犊更小时发现其遗传价值，并促进遗传改良效率的显著提高。该技术在应用过程中不断发展完善，包括整合新研究成果以提高准确性，利用技术进步，适应行业的变化，将评价扩大到杂交品种，增加评价频率，修改所使用的基因型标记集，增加对健康、繁殖和饲料效率性状的评价，更新遗传指标以提高基于经济价值的排名，检测新的有害遗传因素，通过发现祖先来扩大谱系，并提供品种组成信息。

自2011年以来基因选择使荷斯坦牛的年平均收益增长了85美元，是2005—2009年（40美元）的两倍多。国内外基因型数量迅速增加，2022年达到650多万份。该计划对50多个性状进行了评估。近年来，增加了饲料效率（剩余饲料摄入量）、小母牛和奶牛的存活率、初产月龄、6个健康性状和妊娠期，以更准确地表示候选种公牛的经济价值。2022年7月，近20万头奶牛接受了混合评估。通过使用单倍型匹配来发现子一代和子二代，增加了谱系。基因测试或基因分型芯片的结果提高了目前已知的27种致病变异的准确性。开发了支持快速搜索所有可能基因型之间的亲子带关系和相同基因型的技术，大大缩短了处理时间。继续基于序列数据来发掘额外的信息性单核苷酸多态性，并将先前发现的纳入其中。通过测序采用基因分型有望提高标记选择的灵活性。该项目协作方包括美国农业部、品种协会、基因分型实验室和人工授精组织在内的行业和研究团体。

（来源：Frontiers）

美国培育首例抗BVDV病毒基因编辑牛

牛病毒性腹泻病毒（BVDV）是引发牛传染性疾病的主要病毒之一。美国农业部农业研究局（USDA-ARS）肉类动物研究中心培育出第一头对BVDV较不敏感的基因编辑犊牛。研究人员利用CRISPR介导的同源修复和体细胞核移植技术，在犊牛CD46基因的BVDV结合域上置换了6个氨基酸。

随后的病毒敏感性研究表明，该编辑将有助于降低牛的BVDV易感性。研究人员检测了犊牛皮肤和内部器官不同细胞类型的CD46依赖性，发现BVDV易感性显著降低。研究还发现，小牛血液中病毒RNA负荷的持续时间和峰值都大幅减少，这与其体内组织中病毒复制的减少情况相符。研究结果显示，基因编辑的犊牛对病毒感染的敏感性显著降低。此外，未检测到偏离目标的遗传变化，截至基因编辑牛生长到16月龄，未发现明显的不良反应。

这项研究成果于 2022 年 12 月 8 日发表在美国冷泉港实验室 BioRxiv 预印版网站上。

（来源：ISAAA）

以色列培育出只孵化雌性雏鸡的基因编辑母鸡

国际农业生物技术应用服务组织（ISAAA）12 月 14 日报道称，以色列农业和农村发展部的科研团队成功培育出经过基因编辑的母鸡，它所产的蛋只能孵化出雌性雏鸡。这项科学突破可以遏制公鸡的宰杀数量。研究人员对“果尔达母鸡”（Golda hen）的 DNA 进行基因编辑，以阻止它们产下的蛋中雄性胚胎的发育。鸡蛋内的雄性胚胎在蓝光下照射数个小时后停止发育，而雌性胚胎不受蓝光影响，发育正常。研究人员指出，通过这种方式孵化出的雌性雏鸡体内不含有额外的遗传物质，它们下的蛋也没有原始基因改变的痕迹。总部位于英国的动物福利组织 CIWF 已持续 3 年跟踪这项研究，并表示这一突破将会对家禽业产生巨大影响。目前，欧盟各国对将基因编辑技术应用于农场动物的做法持谨慎态度。2022 年初，这种做法在德国已被禁止，法国只进行了相关的研究探索，英国政府尚未对此明确表态。

（来源：ISAAA）

中国研究建立高效制备基因编辑猪技术体系

中国农业科学院联合深圳农业基因组研究所，成功建立了一种名为报告 RNA 富集的双引导 RNA 核蛋白（RE-DSRNP）的高效编辑技术体系，可用于快速制备无外源 DNA 基因编辑克隆猪，并利用该体系首次成功获得了 WIP1 基因编辑的雄性繁殖障碍模型猪。体细胞克隆基因编辑技术是目前动物生物育种和医学模型研发的主流技术。该研究建立的 RE-DSRNP 体系，可显著降低脱靶和非预期效应，极大提高编辑效率，缩短制备时间，在猪和其他大动物的生物育种以及医学模型研发方面应用前景广阔。此外，种公猪对母猪繁殖力具有决定性作用，在育种体系和商品生产中举足轻重，该研究首次构建了 WIP1 基因编辑猪模型，对于深入研究雄性繁殖机制具有重要意义。该研究成果发表在《中国科学—生命科学》（*Science China-Life Sciences*）上。

（来源：中国农业科学院）

抗甲型流感病毒基因编辑猪的经济学和遗传学分析

甲型流感病毒在全球猪群中的血清阳性率为 72.8%，是大多数猪场面临的一种疾病。英国爱丁堡大学罗斯林研究所和皇家（迪克）兽医学院的研究人员发现，猪甲型流感病毒耐药性的发展以及基因技术可以完善当前的防控措施，以改善动物福利和提高生猪养殖经济效益。

研究人员创建了一个模拟模型，用于评估各种基因编辑方法在多层商业猪育种系统中实施的遗传和经济影响。研究结果表明，基因编辑程序的长度与商品猪的遗传进展呈负相关，如果基因编辑的效率更高，则达到抗性等位基因固定所需的时间会减少。模拟包括双基因模型中赋予的抗性、子代中包含的遗传镶嵌现象以及选择准确性的影响。在所有场景中，镶嵌水平对达到抗性等位基因固定所需的时间和畜群的遗传进展的影响比基因编辑效率和受精卵存活率的影响更大。

经济分析强调，与基因编辑的镶嵌效应和猪甲型流感病毒控制策略对农场的影响相比，选择准确性不会影响基因编辑的持续时间和所需的投资。将基因编辑研究用于商业育种有望通过减少猪作为人畜共患传染病传播节点的作用来抑制甲型流感病毒的传播，从而极大地有益于人类健康，改善动物福利和生产。模拟结果表明，需要进一步改进基因编辑方案，以便经济可行地商业化应用。该研究成果于 2022 年 8 月 12 日发表在《基因》（*Genes*）上。

（来源：*Genes*）

资源环境与农产品安全

中国研究发现紫云英—稻秸协同配施生物炭可强化阻控水稻糙米镉吸收

中国农业科学院农业资源与农业区划研究所曹卫东研究团队发现紫云英-稻秸协同配施生物炭能够强化阻控水稻糙米镉（Cd）吸收，提升土壤肥力，增加作物产量，是实现稻田养分资源高效利用、推动稻田清洁化生产的高效措施。研究成果发表在《总环境科学》（*Science of the Total Environment*）上。

农田土壤重金属镉污染是我国目前面临的重大环境问题之一，严重威胁着我国粮食安全生产。该研究利用室内模拟试验和田间小区试验，研究紫云英—稻秸协同利用配施生物炭对水稻糙米 Cd 吸收的影响，发现紫云英—稻秸协同利用配施生物炭通过提高土壤 pH 值，能够促进土壤可交换态 Cd 向稳定态转化，降低了土壤 Cd 的生物有效性，同时，也提高了水稻根表铁锰膜含量，进一步阻控水稻对 Cd 的吸收，从而降低糙米 Cd 含量。该项研究得到“十四五”国家重点研发计划项目、国家绿肥产业技术体系和中国农业科学院农业科技创新计划资助，为土壤重金属污染修复原位钝化技术提供了解决方案。

（来源：中国农业科学院农业资源与农业区划研究所）

欧盟通过区块链提高农场生产力并确保牛的可追溯性和福利

欧盟委员会农业和农村发展部的分析表明，约 50%欧洲畜牧场依赖补贴，精准农业只对大农场有利，投资回报率并不理想。此外，人们对食品质量、安全和可追溯性信息的需求越来越大。目前，欧盟 CATTLECHAIN 4.0 项目（总预算约为 250 万欧元）正在开发一套完整的智能解决方案，利用物联网穿戴设备记录奶牛的不同参数，在人工智能算法分析基础上构建的农场决策支持工具可帮助农民应对牲畜养殖和农场运营的问题。此外，通过基于区块链的云平台聚合多个奶牛场的数据，消费者和管理机构可以利用追溯性工具访问该云平台，获得关于肉类/乳制品供应链真实、安全的数据。最后，将根据消费者的需求信息和物联网穿戴设备收集的动物福利相关参数，创建动物福利标签，以确保肉类和乳制品符合最高动物福利标准。这一突破性技术和服务应用规模已达5 000多头奶牛，改变了牲畜的管理方式。

项目研究组目前已完成物联网穿戴设备和相关算法的开发，开发了区块链工具，可为消费者提供肉类产品产地、动物福利证书等详尽信息，该工具已进入农产品销售环节。研究人员还将致力于提高繁殖检测率，以及放牧时间计数的算法，并将引入一种用于监测放牧期间营养活动的算法。该项目将把区块链技术集成到一个开源平台上，从而加速该智能解决方案的开发和应用。这是欧洲首次在肉类和牛奶供应链中应用区块链技术，数据直接采集自物联网设备，提高了食品供应链的透明度，实现了畜产品全程质量可追溯。

（来源：欧盟委员会）

美国哈佛大学医学院研发一种冷冻生物打印技术

美国哈佛大学医学院的研究团队研发出一种非常规的“冷冻生物打印”技术，可让生物组织储存较长时间。研究人员将生物打印和低温保存方法相结合，利用新型打印装置和生物墨水，可使打印的生物组织被储存较长时间，并在需要时进行解冻/交联以及复苏后的培养和使用。该冷冻生物打印的细胞载体可有效保证细胞的存活率和功能性，低温生物打印的组织能维持其诱导血管生成的能力，不会对细胞或者生长因子造成损害。该技术有望扩展生物打印的应用，如可储存的生物组织和组织模型，以便能随时运送到所需的地点。相关研究成果发表在《物质》（*Matter*）上。

（来源：*Matter*）

加拿大政府通过竞赛遴选减少食物浪费技术

食物垃圾每年产生约8%的全球温室气体排放，加拿大每年约有31%的粮食被浪费，损失达495亿美元。食物浪费产生的经济、社会和环境影响不容忽视。加拿大农业与农业食品部发起了一项耗资 2 000 万美元的减少食物浪费挑战赛，该挑战赛分为 3 个阶段，首先从参赛方案中选取 18 项进入半决赛，奖金 10 万美元；然后选取 6 项方案入围决赛，获得奖金 45 万美元；并最终选取 2 项获得百万大奖。该竞赛已经遴选出进入半决赛的 18 项方案，主要涵盖延长食品保质期和食物废弃物转化利用两方面技术。入围机构及其技术成果内容如下。

ALT TEX 公司通过新型生物发酵技术，以食品垃圾为原料重新设计生产可生物降解和有助于碳中和的纺织品，以取代聚酯纤维。

Biopolynet 公司提出一种可以利用鱼类加工废弃物生产龙虾和螃蟹诱饵的技术。

Carbon Lock Technologies 公司提供一种将食物垃圾转化为稳定的生物碳的解决方案，可以封存大气中的二氧化碳，防止垃圾填埋场的甲烷排放，支持可持续农业。

Chinova Bioworks 公司用环保工艺从白蘑菇中提取天然纤维，制成 Chiber 可提高食品和饮料产品的质量、新鲜度，并延长保质期，从而减少了从农场到餐桌的食物浪费。

Clean Works 公司采用过氧化氢、臭氧和紫外线组合，控制收获前（温室、大田作物）水果和蔬菜的霉菌和微生物生长。

Climacteric Control Solutions 公司开发了一系列新型乙烯选择性催化剂，可以连续地从冷冻、潮湿的空气中去除微量的乙烯。

CLIMICALS 公司通过将食物垃圾中的糖转化为绿色化学中的关键分子，生产各种生物源塑料，实现食物垃圾中糖类物质的稳定。

Dispersa 公司提供了利用微生物从农业食品垃圾中提取天然、经济的生物表面活性剂解决方案。

Genecis Bioindustries 公司利用细菌将食物垃圾转化成可堆肥的生物塑料。

Laval 大学提供一项突破性发明，通过结合营养、天然成分和绿色技术，将乳制品工业的全部副产品转化为创新的高附加值的食物产品。

Peak Harvest Agritech 公司开发了一种应用于农作物的液体配方（FreshX-tend），可以自然减缓水果和蔬菜的成熟过程。

Terra Bioplastics 公司提供了一种来源于酿酒废弃粮食的谷物蛋白质，对人类健康有益。

Aruna Revolution Health 公司利用经过加工的农业废弃物（蔬菜和水果纤维）开发可堆肥降解的女性卫生用品。

Calgary 大学开发了将食物垃圾转化为先进的节能材料的技术，这种材料可以收集从住宅或建筑物中散发的热量，并在需要时释放出来，以节约供暖和制冷费用。

Lethbridge 大学评估了市售青贮菌剂在延长青贮以及食品废弃物、加工副产品源动物饲料保质期方面的效用。

WaterPuris 公司开发了一种高效的曝气系统，能够产生纳米级的气泡并保持稳定，用于废水处理等解决方案。

Winecrush Technology 公司开发了一种生物力学工艺，可将酿酒和其他农业副产品中的食物废弃物转化为健康、高性能的食品成分。

Membertou Development 公司拟通过扩大试点，加强新斯科舍省灰海豹产业建设，探索其生物质利用、加工设施建设和市场机会的挖掘。

（来源：加拿大农业与农业食品部）

英国推出世界首个无云图像服务

英国科技公司 Origin Digital 和 Aspia Space 推出了全球首个无云图像服务，将深度改变卫星在精准农业中的使用方式。该服务（名为 ClearSky）将雷达数据输入深度神经网络，从而帮助用户透过云层获取到地面图像。ClearSky 的技术为地球观测（Earth observation）在农业中的应用提供了成像数据和情报，它利用可穿透云层的新型雷达从可见光和短波红外光谱中获取图像。这意味着，即使在 100%云层覆盖的情况下，ClearSky 也可以提供定期、可靠的无云图像，这些图像易于理解，并且其分析方法与常规光学图像的分析方法完全相同。

通常，平均 67%的地球都被云层覆盖。无论天气如何，这项创新服务都可以每 6 天为使用者提供一张图像，以显示作物的生长情况。ClearSky 与传统的，依赖于在特定时间获得清晰卫星图像的精准农业系统形成鲜明对比，后者的视图与无云视图相比，在时间上可能存在数周延迟。这项服务继在英国推出后，将进一步推广到其他国家及地区，服务应用于世界各地的精准农业。

（来源：European Seed）

康奈尔大学研发新型食品保鲜包装

美国康奈尔大学的最新研究发现，将玉米衍生的聚乳酸（PLA）聚合物与抗氧化剂 Nitrilotriacetic acid（NTA）接枝，制成的生物可降解、抗氧化食品包装材料可以延长食物保质期，满足消费者减少添加剂使用的需求，同时减少了食物浪费和石油基一次性塑料对环境的不良影响。

根据美国环境保护署的数据，2018 年美国产生了 6 813 万吨食物垃圾和 3 568 万吨塑料垃圾。食物和塑料垃圾占所有填埋的城市固体废弃物的 42%，造成大量的甲烷和二氧化碳排放。这项研究表明，抗氧化剂 NTA 接枝 PLA 薄膜在微酸到碱性食品和饮料系统中最适合作为抗氧化活性包装材料。确定这种新型薄膜的物理和机械性能是研究团队下一步的工作重心。研究成果于 2022 年 6 月发表在《食品包装与保质期》（*Food Packaging and Shelf Life*）上。

（来源：康奈尔大学）

土壤中添加岩尘可大幅降低农业碳排放

英国谢菲尔德大学（University of Sheffield）的一项新研究发现，在英国土壤中添加岩尘（rock dust）可以吸收高达 45%的大气二氧化碳，从而帮助英国降低农业碳排放。

该研究首次详细分析了未来 50 年英国通过增强岩石风化（改善土壤健康的一种方法）去除温室气体的应用潜力和成本。研究发现，到 2050 年，增强岩石风化可以帮助英国实现每年 600 万~3 000 万吨二氧化碳去除量，占全国净零排放所需大气碳去除量的 45%。据估计，目前碳去除的成本约为每吨二氧化碳 200 美元，到 2050 年成本将降低一半。因此，这种方法相对于其他二氧化碳去除方法具有更强的竞争力。该方法的优势还包括降低一氧化二氮排放，以及广泛改良农业集约化造成的土壤酸化。此外，岩尘还可以替代昂贵的进口化肥，从而降低英国农业对进口化肥的需求，节省大量成本。该研究于 2022 年 4 月 25 日发表在《自然地球科学》（Nature Geoscience）期刊上。

（来源：University of Sheffield）

美国推出全自动土壤分析工具

美国精准种植公司 Precision Planting 推出一个全自动土壤分析工具 Radicle Agronomics，该工具依托 Radicle Lab（全球第一个全自动土壤分析实验室）和 GeoPress（用于自动采集、标记土壤样品的小型设备），可以通过专业工具和收集到的数据对土壤养分进行精准管理。

Radicle Lab 占地面积小，具有自校准技术，可以在无人值守的情况下运行数百个土壤样品，大大简化了土壤养分的分析流程。其内置的 Microflow 技术消除了传统实验室在分析过程中的所有人工参与部分，研究人员无需手动操作，就可以在几分钟内完成精确的土壤分析。Radicle Lab 的开发期为 6 年、包含数十项正在申请的专利。

GeoPress 可以自动完成土壤采样中的记录和样品存放工作。该工具可以安装在任何可田间使用的车辆上，自动混合土壤样本并将其存储在标有地理参数、可重复使用的容器中。这些装满的样本容器被送回到 Radicle Lab，在那里它们被装载到系统中分析土壤养分。数据在 GeoPress 和 Radicle Lab 之间无缝流动，消除了手工标记样品的繁琐工作。为完善该套系统，基于云的软件包连接了从田间到实验室管理过程的所有步骤，农艺师可以通过该工具向他们的客户提供优质的土壤养分管理建议。

（来源：Agropages）

英国研究人员利用光子学技术减少农用杀虫剂的使用

英国阿斯顿大学与哈珀·亚当斯大学合作启动了一个新的项目，开发一种光子“鼻子”，用于监测农作物虫害和植物病害。该项目利用光子学技术，对植物释放的低水平挥发性有机化合物（VOCs）进行分析，这些化合物可以表征植物的健康状况。

目前，杀虫剂多用于农作物病虫害防治，但由于杀虫剂对环境的不良影响，寻找替代品的需求越来越大。这项新技术将以光子学技术为基础，解决现有电子病虫害监测技术（多使用电化学传感器）存在的灵敏度低、传感器漂移/老化等问题。此外，该研究团队将建立一个由农业科学、光学传感和机器学习专家组成的跨学科研究团队，以开发新的植物健康监测平台，通过局部病虫害监测发现病虫害发生区域，从而提高农业生产力。该项目为期12个月，英国生物技术与生物科学研究委员会（BBSRC）和自然环境研究委员会为其提供20万英镑的资助。

（来源：Agropages）

利用乙醇预处理土壤可以在干旱期提高作物产量

日本理化学研究所可持续资源科学中心的一项新研究表明，乙醇可以帮助植物在干旱时期存活。这项研究发现，在土壤中添加乙醇可以使包括水稻和小麦在内的植物在两周无水的情况下茁壮成长。由于乙醇安全、廉价且可广泛获得，这一发现提供了一种在水资源匮乏的情况下提高全球粮食产量的实用方法。相对于通过基因改造而实现节水或抗旱的技术而言，该种方法在时间、成本及生物风险上具有巨大优势。

研究发现，乙醇处理过的土壤种植的植物甚至在缺水之前，就已经开始表达在缺水期间正常表达的基因，表现为植物叶片的气孔随之关闭，使叶子保留更多水分。在未经处理的叶片含水量下降的时候，乙醇处理过的土壤种植的植物正在利用乙醇制造糖并进行光合作用。这些糖提供的能量在植物叶片气孔闭合的情况下是很难获得的。土壤经外源乙醇处理后种植小麦和水稻等常见作物可以提高干旱期间的作物产量。研究成果于2022年8月25日发表在《植物和细胞生理学》（*Plant and Cell Physiology*）上。

（来源：Science Daily）

新加坡科学家利用磁场培养细胞肉

新加坡国立大学（NUS）的科学家发现一种通过用磁场刺激动物细胞来培养细胞肉的新方法。这项新技术将简化细胞肉的生产过程，可用于食品工业和再生医学。研究结果于2022年8月发表在《生物材料》（*Biomaterials*）上。

NUS研究团队使用其开发的精细调谐脉冲磁场培养肌源性干细胞，这些干细胞存在于骨骼肌和骨髓组织中，在暴露于磁场中10分钟后，细胞释放出无数具有再生、代谢、抗炎和增强免疫力的分子。这些物质是肌肉“分泌物”的一部分，是细胞生长、存活和发育成组织所必需的成分，可以在实验室安全、方便地培养，而且成本很低。通过这种方式，肌源性干细胞将充当可持续的绿色生物反应器，产生营养丰富的分泌蛋白，用于大规模生产以细胞为基础的肉类。

此外，收获的分泌物也可用于再生医学。NUS团队使用分泌的蛋白质治疗不健康的人体细胞，发现这种方法可以潜在地帮助治愈受损细胞并加速患者的康复。这项技术已申请专利，NUS团队目前正在与潜在的产业合作伙伴致力于将该技术推向市场，进行商业化。

（来源：新加坡国立大学）

农业氨减排对大气PM2.5污染治理日趋重要

氨气主要来自化肥施用和畜禽养殖等农业活动，同时也有少量来自交通运输和工业等排放。新冠疫情期间，中国采取了强有力的管制措施，大幅减少了交通和工业等污染物的排放，但是农业氨排放并未受到影响，甚至有所增加。中国农业大学与国内外多家科研机构合作，通过全国氮沉降监测网、北京和上海等超级观测站点对大气氨气浓度的连续观测，并结合IASI卫星观测数据分析，发现新冠疫情管制措施实施期间中国大气氨浓度大规模显著上升，尤其在华北平原地区，且上升幅度与2015—2019年同期相比更大。大气氨浓度上升幅度在农村地区最为明显（增加22%），在城市和偏远地区变化不明显。

基于大气化学模型模拟发现，中国南方大气氨浓度上升是由于二氧化硫和氮氧化物等酸性气体减排导致氨气向铵盐的转化降低所致，而中国北方则主要是由于农业排放增加所致。新冠疫情期间，氮氧化物排放量的大幅减少导致了地表臭氧和大气氧化能力的增加，从而促进了二次气溶胶的形成，而气溶胶是PM2.5中的重要组分。研究结果显示，如果农业源氨气排放削减50%，则可以抵消新冠疫情管制措施实施期间由于酸性气体排放的降低、大气氧化性升高所导致的PM2.5浓度的增加。该研究启示我们，随着未来我国进一步控制酸性气体排放，农业氨排放的协同减排对进一步削减大气PM2.5污染尤为重要。研究成果于2022年9月15日发表在《科学通报》（*Science Bulletin*）上。

（来源：*Science Bulletin*）

意大利科学家将乳酸菌培养基中的废弃物转化为新型肥料

意大利皮亚琴察天主教大学（Università Cattolica）的研究人员利用食物链废弃物，特别是利用乳酸菌培养基中产生的废弃物开发了一种新型肥料。研究成果发表在《土地》（*Land*）上。

乳酸菌是一组能够发酵各种基质的微生物，常用于制造食品、饮料和益生菌。通常情况下，需要使用净化设备对乳酸菌培养基中的废弃物进行清除，仅在意大利每年就产生数千吨这样的废弃物。这项研究展示了如何将乳酸菌工业生产产生的废弃物，用于制造农业肥料和生物刺激素进行回收。试验应用侧重于番茄和生菜的温室栽培，研究结果发现，使用这些工业废弃物制作的肥料，可将化学氮肥用量减少30%，在不降低产量的同时还能改善植物的一些生理特性。预计这种方法可将与化肥生产相关的温室气体排放减少40%。

使用这种新型肥料在为植物提供充足营养的同时，更能提高土壤的腐殖化率。研究人员指出，这种新型肥料将成为一种广泛意义上的生态肥料。同时这也是技术转让的良好范例，目前参与该项目的公司正在用这种方法回收其每年生产过程中产生的700多吨残余物。

（来源：Agropages）

以色列开发出检测土豆中隐藏病害的生物传感器

以色列希伯来大学（Hebrew University of Jerusalem）和以色列农业研究组织（Volcani Institute）联合开发了一种用于检测马铃薯块茎中隐藏病害的细菌生物传感器。该传感器的开发基于智能生物工程和光学原理，可以快速、低成本地识别尚未有任何外部迹象的患病马铃薯，进而优化采后管理，减少损失。

该传感器含有一种细菌的化合物，当接触到受病菌感染的土豆时会发光。该化合物由4种测量生物毒性的基因工程细菌组成。传感器光线的强度有助于确定马铃薯块茎中腐烂物的浓度，以定量分析腐烂的程度。传感器还可以在腐烂可见之前检测到它，因此内部腐烂但没有外部表现的马铃薯可以很容易地被识别出来，并将其与健康的薯块隔离放置，防止腐烂发展或蔓延到其他健康薯块。研究成果于2022年9月1日发表在国际著名分析化学综合性期刊《塔兰塔》（*Talanta*）上。

（来源：*Science Daily*）

真菌中新发现蛋白质可绕过“植物防御”

来自美国农业部、华盛顿州立大学、中国西北农林科技大学、武汉理工大学和华中农业大学的联合研究团队发现一种名为SsPINE1的蛋白质，能让600多种植物中导致白霉茎腐的真菌绕开“植物防御”。这项发现可帮助研究人员开发新的、更精确的控制系统，用于控制攻击马铃薯、大豆、向日葵、豌豆、扁豆、油菜和许多其他阔叶植物的核盘菌。核盘菌严重暴发的年份造成的损失可能高达数十亿美元。

真菌病原体 *S. sclerotiorum* 通过分泌多聚半乳糖醛酸酶（PG）破坏植物细胞壁，导致植物腐烂和死亡。植物则通过产生一种阻止或抑制真菌PG的蛋白质（PGIP）来保护自己。研究人员在真菌排泄的物质中发现了蛋白质SsPINE1，它直接与PGIP相互作用并在功能上使其失活，这是让核盘菌绕过植物PGIP的原因。SsPINE1的发现为研究控制白霉茎腐病原体开辟了新途径，从而可以更有效、更有针对性地育种，使植物对核盘菌病害具有天然抗性。研究成果于2022年4月25日发表在《自然通讯》（*Nature Communications*）上。

（来源：美国农业部）

利用AI自动识别大型家禽养殖场的雏鸡求救信号

香港城市大学和英国伦敦玛丽女王大学的研究人员，利用深度学习模型对集约化养殖场中鸡的声音进行分类，以研究深度学习在自动识别鸡求救信号方面的潜力。他们开发了一种基于卷积神经网络的新型模型light-VGG11，利用集约化养殖场收集的录音（3 363个遇险声和1 973个自然谷仓声），训练该系统识别此类呼叫。研究表明，在可容纳数千只活鸡的室内养殖场中，这项技术能够检测和识别出鸡发出的求救信号，并能正确区分求救信号和其他谷仓的声音，准确率可以达到97%。该技术思路还可用于提高其他养殖动物的生产福利。研究成果于2022年6月29日发表在《英国皇家学会期刊》（*Journal of the Royal Society Interface*）上。

（来源：phys. org）

食品科学

美国推出首个“蛋白质定制”线上服务

美国合成生物学公司 Tierra Biosciences 于 2022 年 2 月 2 日推出业界首个可以订购合成生物学蛋白质的在线平台（Tierra 蛋白质平台），所有用户都可以在该平台上“网购”他们的定制蛋白质。用户可以输入多达 10 000 个数字蛋白质序列，Tierra 专有的人工智能系统将分析、验证每个序列，评估这些蛋白质是否可以利用无细胞系统制造。蛋白质合成之后，Tierra 会进行筛选、质检、验证，最后发货。该平台利用了无细胞合成生物学的两个特殊优势：输入信号可以是线性 DNA 片段，不需要克隆到质粒中；无细胞平台不受细胞壁的限制，可以以细胞无法实现的方式实时观察蛋白质生产。Tierra 目前可提供蛋白质设计、宏基因组筛选、蛋白质工程与优化、通路代谢工程、有毒蛋白质合成等服务，合成蛋白质的大小可为 50~1 000 个氨基酸。

（来源：Agfunder）

日本首次利用无血清培养基培育出鸡/鸭肝细胞源产品

日本细胞农业公司 IntegriCulture 于 2022 年 4 月 1 日宣布，利用无血清培养基（I-MEM）培育出全球首例利用非动物源培养基生产的鸡/鸭肝细胞源产品。一直以来，细胞培养生长因子（胰岛素、转铁蛋白）采集自牲畜，成本高且很难大量获取。IntegriCulture 开发的培养基可以用于生产不添加动物源性生长因子的培育肉，该公司在其 CulNet 生物反应器系统（一种通用的大规模细胞培养平台）中使用 I-MEM，成功地将鸡和鸭肝细胞培养成可食用产品。与含有 10%胎牛血清的传统培养基相比，这些肝细胞的增殖速度最高可达传统方法的 2.5 倍，且成本仅为使用动物源血清培养基的 1/60（成本降低了 98%以上）。目前，IntegriCulture 正在与包括食品公司和替代蛋白初创公司在内的客户合作，设计能够满足特定需求的细胞培养 CulNet 系统。该公司计划于 2022 年晚些时候推出使用 I-MEM 和 CulNet 生产的鹅肝。

（来源：Agfunder）

丹麦开发基于真菌的海鲜替代品

英国《卫报》2022年7月28日报道，丹麦哥本哈根的研究人员与米其林餐厅 Alchemist 合作，正在以真菌为基础创制一种可持续的植物性海鲜替代品。真菌的菌丝体富含蛋白质，是制造健康食品的合适原料。研究小组对菌丝体进行各种发酵和生长模式测试，以确保开发出的替代品具有和海鲜一样的味道和细腻质地。

这项研究解决的主要问题是：菌丝体生成的海鲜替代品缺乏海产品的味道。研究团队首席微生物学家指出，科学家不善于如何让食物变得美味，而味道决定了人们的消费意愿，这促成了科学家和餐厅之间的合作伙伴关系。通过合作可以互相学习，开发出成功的真菌海鲜替代品。

（来源：Sea Food Source）

美国 UCLA 研发可食用培养肉微载体

加州大学洛杉矶分校（UCLA）的研究人员发明了一种称为微载体的可食用颗粒，这种颗粒具有定制的结构和质地，可以帮助肌肉前体细胞快速生长并形成类似肌肉纤维的组织。UCLA 研发的这种用于生成可食用微载体和由此产生肌肉微组织的可扩展方法，将推动培养肉的生产更加经济高效，使培养肉成为动物蛋白生产的有效替代方案。培养肉有可能使蛋白质生产方法多样化，但生产效率亟待提高。这项研究开发了可食性微载体，可在单个生物反应器系统中支持肌原细胞的扩增和分化。该研究还开发了一种新的压印技术，用于压印具有凹槽拓扑结构的可食微载体，以测试具有条纹表面纹理的微载体是否能够促进悬浮培养中的成肌细胞增殖和分化。研究人员表示，微载体的制造过程可用于快速、廉价、规模化地生产培养肉，可以通过控制微载体的硬度和质地来生产不同质地的肉。该研究得到美国农业部国家粮食和农业研究所、优质粮食研究所等多家机构的支持。研究结果于2022年8月发表在

《生物材料》(*Biomaterials*)上。

(来源：加州大学洛杉矶分校)

美国初创企业推出首个基于细胞的胶原蛋白

美国初创企业 Jellatech 宣布，其利用专有的细胞成功开发出了一种具有完整长度、三螺旋的功能性胶原蛋白。Jellatech 通过从猪、牛等动物的皮肤、骨骼和结缔组织中提取细胞并培养的方式生产胶原蛋白，由于其最终成品并非细胞本身而是细胞衍生物，因此不属于生物工程食品。胶原蛋白是肉类加工过程中的副产物，应用范围广，可应用于食品增稠剂（texturizers）、啤酒和葡萄酒的澄清剂（clarification），还可应用于非食品领域，如疫苗稳定剂（vaccine stabilizers）。尽管目前市面上不乏利用植物或发酵方式制作胶原蛋白的公司，但其产品无法提供跟动物源性胶原蛋白相同的功能，这也是 Jellatech 与其他同类型产品最大的区别。Jellatech 表示，其公司定位为一家无屠宰和可持续发展的企业，食品领域是其发展计划的开始，未来公司将进军生物制药、化妆品和保健品等领域。

(来源：Green Queen)

ADM 与 Benson Hill 合作开发大豆新成分

2022 年 8 月 8 日，美国 ADM 公司（全球最大的油籽、玉米和小麦加工企业之一）宣布和食品科技公司 Benson Hill 建立长期战略合作伙伴关系，双方将通过合作来创新大豆成分，联手拓展植物蛋白市场。ADM 将通过北美独家许可合作伙伴关系，对源自 Benson Hill 超高蛋白（UHP）大豆的专利成分进行加工和商业化。该专利成分由 Benson Hill 通过基因技术研发获得，含有加工程度较低的蛋白质，并在水和碳方面具有显著的可持续性优势，代表了替代蛋白质解决方案在味道、质地、营养和功能方面的新前沿。通过结合 ADM 在开发、应用和配方三方面的专业知识，以及其日渐扩展的食品加工能力，这次合作将为实现高品质替代蛋白产品“从种子到餐桌（Seed-to-fork）”商业模式开辟一条新途径。

（来源：ADM）

德国生物技术公司联手大规模生产无动物乳蛋白

德国生物技术公司Brain Biotech和初创公司Formo利用精准发酵技术，合作生产生物同源性牛奶蛋白。研发人员表示，精准发酵是将基因组编辑技术用于生物同源性替代牛奶蛋白生产的一个例子。该合作旨在通过精准发酵优化微生物，从而扩大用于商业用途的新型蛋白质生产。此举有可能加速替代牛奶蛋白的商业化。Formo最近进行的一项消费者调查显示：79%的消费者愿意尝试无动物奶酪产品。Formo指出，通过精准发酵，可以将奶牛排除在奶制品供应链之外，这将减少91%~97%的温室气体排放量。

（来源：Food Ingredients First）

芬兰研究人员利用真菌制造出素食环保蛋清

据cnBeta网2月8日消息，芬兰研究人员从瑞氏木霉（Trichoderma reesei）中提取的卵清蛋白——Tr-OVA，可成为蛋清蛋白粉的一种可持续替代品。研究人员首先确定了卵清蛋白的遗传代码，使用现代生物技术工具，将携带卵清蛋白的基因插入真菌中，产生并分泌出与鸡蛋中相同的蛋白质成分。随后，将卵清蛋白从细胞中分离出来，浓缩并干燥形成最终产物。与使用鸡蛋制造蛋白粉的方法相比，卵清蛋白制造技术减少了近90%的土地使用需求，减少了高达55%的温室气体排放，可有效减轻密集型养鸡场产生的环保压力，降低人畜共患疾病暴发的概率。

（来源：Green Queen）

荷兰企业取得不含胎牛血清细胞培养肉的技术突破

荷兰细胞培养肉初创企业Mosa Meat公开了在不改变细胞基因的情况

下去除胎牛血清的培养技术。研究结果发表在《自然食物》（*Nature Food*）上，实现了细胞培养肉类生产中卫星细胞在不使用动物源性血清的情况下迅速分化为成熟的肌肉纤维。前期细胞培养肉技术是通过血清饥饿，即突然降低培养基中血清浓度诱导细胞肌源性分化，该过程依赖价格昂贵的胎牛血清。研究人员利用 RNA 测序来研究血清诱导的肌源性分化期间牛卫星细胞的转录组重构，鉴定出了典型的肌源性基因表达，以及分化早期上调的表面受体。通过化学合成这些受体的配体并添加到培养基中，使卫星细胞在没有血清饥饿诱导和/或转基因表达的情况下实现肌源性分化。转录组分析、蛋白质表达和功能性收缩性测定结果表明，无血清肌源性分化与血清饥饿诱导的肌源性分化水平相当。此外，无血清分化培养基支持细胞培养肉三维肌肉结构的构建，证明其适用于细胞培养牛肉生产。

细胞培养肉定位于环境友好的传统肉类替代品，而重要原料胎牛血清源于奶牛使其具有较大争议。寻找价格合适的有效替代品已经成为细胞培养肉研究中的一个细分领域，Mosa Meat 将胎牛血清从培养基中移除有助于降低总成本，是人造肉研发中具有里程碑意义的突破。

（来源：Green Queen）

美国利用“人工光合作用”生产不依赖阳光的食物

美国加利福尼亚大学河滨分校和特拉华大学的研究人员开发出一种通过“人工光合作用”生产食物的新方法。研究人员使用两步串联 CO_2 电解装置，通过电催化过程将二氧化碳、电和水转化为乙酸盐（acetate），作物可以在黑暗环境中通过消耗乙酸盐生长，而不依赖于生物光合作用。

研究人员对电解槽的输出进行了优化，从而使乙酸盐在电解槽中的产量达到最高水平。结合太阳能电池板产生电力为电催化提供动力，这种有机-无机混合系统可以提高阳光转化为食物的效率。实验表明，通过这种技术生产的藻类，其能量转化效率是生物光合作用的 4 倍，酵母生产的能量转化效率比生物光合作用高出约 18 倍。研究团队还调查了这项技术在农作物生产中的应用潜力，结果表明，豇豆、番茄、烟草、水稻、油菜和青豆等多种常规农作物都可以在黑暗环境下利用乙酸盐来生长。研究成果于2022年6月23日发表在《自然食物》(*Nature Food*)上。此外，该技术参与了美国宇航局的深空食品挑战赛并成为获胜者。

(来源：Science Daily)

政策监管

美国批准基因编辑牛可食用

美国食品药品监督管理局（FDA）于2022年3月7日宣布批准一种基因编辑牛的牛肉在安全审查后可用作食品。这种转基因牛（由Recombinetics公司培养）是继转基因鲑鱼和转基因猪之后，美国批准可用于人类食用的第三种转基因动物。FDA审查的这种牛通过CRISPR技术改变了基因，拥有短而光滑的皮毛，使其更容易抵御炎热的天气，更容易增重，从而提高肉类生产效率。这种牛肉目前尚未上市，FDA表示最快可能在两年内上市。与转基因鲑鱼和猪不同，这种基因编辑牛不需要再经过长达数年的审批程序。因为它们的基因构成与现有的其他牛相似，而且可以在某些自然品种中发现这种基因特性。

（来源：Food Ingredients First）

英国议会批准新的基因编辑规则

英国议会于2022年3月14日宣布，之前提交的“2022年转基因生物（修订）（英格兰）条例草案”获得批准。这项法定文书将简化通过基因编辑等新遗传技术生产的植物的田间试验研究过程，这标志着英国在基因编辑生物监管方面的法规正在向世界其他地区（如澳大利亚、加拿大、日本、阿根廷、巴西和美国）靠拢。在这些地区，基因编辑生物不被作为转基因生物予以监督管理。2021年，英国议会就基因技术监管进行了咨询，收到了近6 500份回复，随后征求了英国环境、食品和农村事务部下属环境释放咨询委员会的建议，该委员会得出的结论是，与通过传统育种方法生产的生物相比，基因编辑的生物不会造成更大风险。

（来源：SeedQuest）

加拿大发布新版《新型食品安全评价指南》

2022年5月，加拿大卫生部发布了新版《新型食品安全评价指南》（以下简称《指南》）。新版《指南》添加了与植物育种相关的两项内容：“植物育种产品新颖性解释指南”和“再转化衍生食品上市前评估指南”，为监督管理创新性植物育种所获得的新型食品提供了更清晰的工作思路。

“植物育种产品新颖性解释指南”主要涉及：

明确了植物育种产品中哪些食品不需要作为新型食品申请售前通知（pre-market notification）；

明确了新型植物品种开发者的相关责任。

“再转化衍生食品上市前评估指南”适用于先前已评估的再转化植物，这些植物表现出的特征与同一物种的转基因植物特征相同。该指南主要涉及：

明确了用于植物开发者证明其所开发的新型植物品种与加拿大卫生部此前评估的转基因植物品种相同的具体标准；

公布了上市前安全评估流程和提供加急服务的标准。

（来源：Cereals Canada）

欧盟和新西兰因抵制转基因政策面临压力

美国博伊斯汤普森研究所下属的科学联盟（Alliance for Science）2022年6月13日报道称，面对气候变化的影响和创新的压力，欧盟和新西兰正表现出对转基因等生物技术态度软化的迹象。欧盟和新西兰的监管机构以及其他关联机构已提出，现有法规已经过时，未能及时反映技术的最新进展，可能需要对涉及基因编辑等新工具应用的监管制度进行修订。

新西兰有关基因改造的法律和法规以严格著称。2021年的一项研究指出，新西兰允许进行转基因植物研究和开发，到目前为止，已经批准了21个品种的农业田间试验。然而，目前只有两个在运行。新西兰生产力委员会（Productivity Commission）在2022年4月的一份报告中指出，新西兰的生物安全法规最后一次审查是在2001年，未能与时俱进。委员会敦促对本国的监管制度进行定期审查，以确保制度能够响应当前的需求，不会扼杀创新，并能够抓住重大市场机遇。新西兰气候变化委员会也加入了呼吁，建议评估新兴技术（例如基因工程）在减少农业排放方面的作用，并审查和更新流程和监管制度，以确保能够快速部署新的减排技术和实际应用。专家指出，基因编辑的应用将使新西兰的产业生产力、生物安全和创新速度发生重大变化。

欧盟一直以来对转基因作物的态度以抵制为主，商业化种植获批作物很少，且严格控制转基因作物进口。欧盟委员会于2021年4月29日发布了关于新兴基因组技术（NGT）的研究报告，认为部分新兴技术有助于实现欧洲绿色协议“从农场到餐桌”和生物多样性战略的目标，当前的转基因法规不适用于这些新兴技术。2021年9月24日，欧盟委员会启动了一项政策举措，以确定如何监管这些新兴技术，并计划于2023年制定政策草案。欧盟科学家也要求政府重新审视其严格的监管立场。相关研究指出，采用转基因作物可以显著提高欧洲的作物产量，使土地利用发生变化并减少温室气体排放。欧盟对转基因放松的立场也将有利于出口国，尤其是非洲，这些国家长期以来一直无法对欧出口转基因作物。

（来源：Alliance for Science）

欧盟新授权3种转基因作物

2022年4月20日国际农业生物技术应用服务组织（ISAAA）报道，欧盟已授权3种新的转基因（GM）作物（转基因油菜73496、转基因棉花GHB811和转基因大豆GMB151）用于食品与饲料，并更新了转基因棉花（GHB614）用于食品和饲料的授权（不包括种植用途），授权有效期为10年。

3种新授权转基因作物都经过除草剂耐受性修饰，并在获得授权之前通过了相关的风险评估。在对3种新转基因作物的科学意见中，欧洲食品安全局得出结论，该授权作物对人类和动物健康以及环境的潜在影响与传统作物和经过测试的非转基因参考品种一样安全，食用这3种作物不会对人类和动物造成任何营养问题。

（来源：ISAAA）

欧盟多国农业部长提议放宽作物基因编辑监管

2022年9月17日欧盟理事会会议上，欧盟成员国的几位农业部长提出应该放宽对转基因生物的监管，建议允许在作物生产中使用基因组编辑技术。提议者认为这项技术可以更容易、更快速地修改植物DNA，改良植物品种，提高欧盟农业部门的竞争力，进而提高欧盟各国在面对气候和地缘政治危机时的应变能力。对于这项提议，20个成员国表示支持，其他成员国则强调需要保持预防性措施。

欧盟委员会目前正在重写转基因监管相关的法律框架。2022年4月发布的一份报告得出结论称，鉴于CRISPR基因编辑技术和相关技术能够在不需要外源基因的情况下引入理想性状，2001年的转基因立法已不再适用。在此基础上，委员会发起了公众咨询，正在进行影响评估。新的立法提案预计于2023年第二季度公布。

研究人员指出，植物基因组编辑的主要优势之一是减少对杀虫剂的需求。面对多样性的丧失，欧洲需要避免对杀虫剂和化肥的依赖，同时引入耐盐或耐旱等特性，或增加植物的营养价值，使食物的价格更实惠，种植更可持续。

（来源：Science Business）

多数欧洲人支持改变新基因组技术政策

据国际农业生物技术应用服务组织ISAAA网站报道，欧盟委员会公布了一项关于“使用新基因组技术（NGTs）培育植物的立法”的公众咨询结果。结果显示，在2 200名参与者中，约80%的人认为转基因生物立法的现有规定不适用于通过靶向诱变或同源转基因等最新育种方法获得的植物。绝大多数公民、学术界和研究机构、公司和商业协会，以及政府当局和大多数工会都支持这一观点。只有环保组织以及大多数非政府组织和消费者组织坚持保持现行立法。

国际上，越来越多的国家对现有生物法规进行了修订。其修订的原则是，如果通过新基因组技术开发的植物品种可以通过早期的育种方法获得或能够自然选育形成的，则不应受到转基因生物法规的约束。

（来源：ISAAA）

巴西批准抗营养因子失活基因编辑大豆为非转基因大豆

巴西农业研究公司（Embrapa）利用 CRISPR 技术使高产大豆品种 DNA 中的抗营养因子凝集素失活，产生新的基因编辑大豆品种。2022 年 9 月 1 日，基于巴西第 16 号生产规范决议（Normative Resolution 16），巴西国家生物安全技术委员会 CTNBio 认定该基因编辑大豆不存在来自其他物种的 DNA，属于非转基因产品。

大豆中的一些抗营养因子，会阻碍营养物质的消化和吸收。因此，需要对大豆进行热处理以使这些抗营养因子失活，但热处理会导致生产成本增加。研究人员认为，缺乏抗营养因子的基因编辑大豆将保留大豆营养成分，并降低大豆用作动物饲料的成本。研究人员指出，未来 Embrapa 将把这种遗传特征引入适应不同产区的其他品种中。目前，对大豆 DNA 进行的修饰已经用于高产大豆品种。基因编辑新品种，在确认表型后，将进行注册和品种商业化。

（来源：Agropages）

多国专家建议在亚太地区统一基因编辑法规

2022 年 9 月 27 日，澳大利亚默多克大学 Michael Jones 博士联合亚太地区多国专家在《植物》（*Plants*）上发文，呼吁在该地区建立统一的基因编辑法规，以减少未来可能产生的非关税贸易壁垒。专家认为，基因编辑技术在全球众多实验室的应用显示了其在作物改良方面的潜力，特别是在占世界人口一半以上的亚太地区。基因编辑等新兴科学发展的速度已经超过了政策监管速度，对全球监管机构提出了挑战。由于亚太地区各国对基因编辑技术的监管政策不同，使用基因编辑技术开发的产品贸易未来将受到严格限制。因此，建议通过科学外交和多边条约体系来协调基因编辑法规，进一步提高各国制定与农业生物技术、商业化和贸易相关的监管指南的能力，为全球粮食安全提供技术解决方案。

（来源：Agropages）

印度放开 SDN-1 和 SDN-2 类别基因编辑植物豁免门槛

植物基因编辑是应用生物学研究和创新方面最具前景的技术之一，在许多领域都有着巨大的经济潜力。2022 年以来，印度相关监管部门逐步完善植物基因编辑研究与应用领域的监管审查。

2022 年 3 月 30 日，印度环境、森林和气候变化部发布了一份办公备忘录，将不含外源导入 DNA 的 SDN-1 和 SDN-2 类别的基因编辑植物从 1986 年的 EPA 法规 1989 第七条至第十一条（包括这两条）的规定中豁免，即可免于生物安全评估。5 月 17 日，基因操作审查委员会（RCGM）发布修订后的《2022 基因编辑植物安全性评估指南》，确定了相应类别的实验监管要求，并为基因编辑植物研发的数据要求提供监管框架和科学指导。10 月 4 日，印度科技部生物技术司发布《2022 SDN-1 和 SDN-2 类别基因编辑植物监管审查的标准操作程序》。该标准操作规程适用于所有参与 SDN-1 和 SDN-2 类别基因编辑植物研究、开发和处理的组织，明确了监管规划和研发要求，并符合 SDN-1 和 SDN-2 类别基因编辑植物的豁免门槛。

基因编辑技术在农业领域的应用进展迅猛，印度《评估指南》和《标准操作规程》的发布有望缩短植物品种注册审批的周期，加快植物品种开发，有助于提升印度农业种植者的经济收入，进一步推动印度成为植物基因编辑技术及应用领域大国。

（来源：Agropages）

印度拟制定转基因食品标准法规

2022 年 11 月 21 日，印度食品安全标准局（FSSAI）发布了转基因食品标准草案。草案规定，制造、包装、储存、销售以及分销或进口转基因食品或原料，必须事先获得监管机构的批准。该草案适用于用作食品的转基因生物（GMOs），源于 GMOs、含有修饰 DNA 的食品原料，以及源于 GMOs、不含修饰 DNA，但包括转基因成分/添加剂/加工助剂的食品原料。

草案对食品标签也做出了规定：转基因成分含量超过1%的食品必须在商品预包装正面标识“含转基因成分”，但不适用于无法检测到含有修饰DNA的转基因食品。

（来源：Latestly）

韩国转基因生物监管动态趋势

2022年11月11日，韩国生物安全信息中心发布了《转基因生物体国内法规改善动向》报告书。报告显示，目前在国会待决的转基因生物法修订案共有5个，包括2项政府提交的法案和3项议员提出的法案。主要内容如下。

◎新增基因编辑等生物新技术适用产物危害性审查等豁免依据；

◎放宽试验研究用转基因生物进口审批对象范围；

◎引入试验研究用转基因生物开发试验申报制度；

◎改进环境释放试验审批和设施管理程序；

◎完善危害性审查制度。

（来源：Pharmstoday）

新西兰植物品种权法案及条例生效

据新西兰知识产权局官网报道，该国植物品种权法案及条例于2023年1月24日生效（法案第5部分第3子部分除外）。新法案建立了一个新的现代植物品种权（PVR）制度，并符合《怀唐伊条约》对毛利人的承诺。此外，该法案还允许新西兰履行《全面与进步跨太平洋伙伴关系协定》（CPTPP）规定的国际贸易义务。新的植物品种权费用规定一同生效。新法案主要有2个方面的变化。

实施《国际植物新品种保护公约（1991）》（UPOV 91文本）规定的扩展专有权，包括：将权利扩大到繁殖材料的营销、出口、进口和调节；将权利扩大到“基本衍生品种”；在某些情况下，将权利扩大到收获的材料；由于农场保存的种子被排除在新权利的覆盖范围之外，继续现有的农场保存种子条款；对强制许可实施公共利益测试。

根据 Wai 262 报告的建议实施变革，包括：成立毛利植物品种委员会；在处理本地植物物种或对毛利人具有重要意义的其他物种时，对育种者有新的披露要求；如果毛利人的利益受到影响，可以拒绝授予 PVR。

（来源：Iponz）

菲律宾宣布简化生物技术法规

2022 年 2 月 15 日，菲律宾批准了修订后的联合部门第 1 号通告（JDC），简化了有关植物生物技术的监管政策。此次改革预计将大大缩短审批时间，并大大降低转基因作物商业化的合规成本。继 2021 年批准了黄金水稻的商业化之后，修订版 JDC 的通过再次凸显了菲律宾在生物技术方面的积极态度。

该法规的修订重点包括如下内容。

◎创建联合评估小组（JAG），以评估现场试验、商业传播和直接使用的申请，取代之前由 5 个部门进行的顺序审查。

◎用于直接使用和商业培育转基因作物的生物安全许可证，5 年到期后不需要更新，将继续有效，除非被撤销。

◎按照《经商便利法案》（*Ease of Doing Business Act*，EODB）的规定，处理申请各个步骤的时间都会缩短。总时间表从 85 个工作日（实际上更长）减至 70 个工作日以下。

◎如果单个基因转化体组件已经获得现有的生物安全许可证，则堆叠基因转化体将不再需要单独批准。

◎增加“如果某个部门缺席生物技术相关审议，则认定该部门对 JAG 的决定持同意态度。”的条款。

（来源：美国农业部）

尼日利亚首个转基因玉米进入商业化流程

尼日利亚对 Ahmadu Bello 大学农业研究所开发的转基因 *TELA* 玉米进行全

国性能试验（*NPT*），该品种对秋黏虫和茎螟虫具有抗性，并具有中度耐旱性。*NPT* 成功完成后，国家品种发布委员会将对其进行评估，预计将于 2023 年完成品种的商业化。目前，尼日利亚已经批准了转基因棉花和豇豆的商业化，TELA 是第一个进入商业化审批流程的转基因玉米品种。TELA 玉米项目是一个合作项目，非洲农业技术基金会（AATF）、拜耳、国际玉米和小麦改良中心（CIMMYT）以及埃塞俄比亚、肯尼亚、莫桑比克、尼日利亚、南非、坦桑尼亚和乌干达等 7 国农业研究机构参与了研究工作。在莫桑比克、乌干达、坦桑尼亚和肯尼亚进行了成功的试验。

（来源：Alliance for Science）

肯尼亚批准种植和进口转基因作物

2022 年 10 月 3 日，肯尼亚内阁批准种植和进口转基因作物和动物饲料，撤销了其早前于 2012 年 11 月 8 日作出的禁止公开种植转基因作物和进口通过生物技术创新生产的粮食作物和动物饲料的决定。此举解除了对转基因作物长达 10 年的禁令，使肯尼亚成为东非地区第一个批准种植和进口转基因作物的国家。肯内阁表示，该决定是基于对该国持续干旱的中长期反应和工作组的建议。目前，肯尼亚的粮食生产因严重干旱而减速，该国 47 个县中的 23 个县遭受严重干旱，据称这是 40 年来最严重的干旱，已导致 310 万人陷入饥荒。本次取消禁令旨在允许进口价格更低、在市场上随时都能买到的转基因玉米，以帮助降低谷物价格。内阁消息称，肯尼亚政府还将抗旱作物确定为使该国适应气候变化的措施之一，将转基因作物作为帮助提高作物产量的一种方式。

（来源：Alliance for Science）

澳大利亚、新西兰批准销售和食用阿根廷转基因小麦食品

2022 年 5 月 6 日，澳大利亚和新西兰食品标准局（FSANZ）宣布批准以 HB4 小麦为原料的食品进入国内市场。HB4 小麦是由阿根廷 Bioceres 公司开发的一个转基因品种，可耐受干旱和除草剂草铵膦。FSANZ 在发布的批准报

告中表示，在对该小麦品系（IND-00412-7）的检测中未发现公共健康和安全问题，该品系小麦制作的食品与用传统非转基因小麦制作的食品一样，可以安全食用。这项批准允许销售由 HB4 转基因小麦制作的食品，包括面粉、面包、意大利面、饼干和其他烘焙食品。

阿根廷是世界上最大的小麦出口国之一，2020 年正式批准种植和销售转基因小麦，是全球第一个批准种植和销售转基因小麦的国家，巴西于 2021 年紧随其后。随着全球供应危机的延续，批准种植和销售转基因小麦这一趋势可能会持续。

（来源：ISAAA）

科迪华签署农业基因编辑责任使用框架

“种子世界”（Seed World）2022 年 5 月 26 日报道称，跨国农业公司科迪华（Corteva Agriscience）正式签署《农业基因编辑责任使用框架》（以下简称《框架》），表达了其对基因编辑等生物技术应用全力支持的态度。

《框架》概述了组织成员自愿遵循的一系列原则和承诺，为基因编辑产品提供必要的透明度和负责任使用的保证，旨在推动基因编辑产品被食品系统认可，并最终得到消费者的接受和支持。《框架》由农业基因编辑责任联盟（Coalition for Responsible Gene Editing in Agriculture）制定。该联盟由来自食品公司、学术机构、农民组织、非政府组织、基因编辑技术开发商和相关协会的代表组成，成员包括美国种子贸易协会、巴斯夫、Benson Hill Biosystems、康奈尔大学、公共利益科学中心、Costco Wholesale、FMI 食品工业协会、美国猪肉商品委员会、大自然保护协会、世界野生动物基金会等。

（来源：Seed World）

规划与项目

英国计划推出《遗传技术（精准育种）法案》

2022年5月10日，英国政府宣布将推出《遗传技术（精准育种）法案》，以鼓励国内农业和科学创新，以开发更健康、更有营养的食物，并使农业系统在面对气候时更具可持续性和抵抗性。据英国政府网站报道，该方案已提交议会审议，目前已进入上议院二读阶段。该法案的主要内容如下。

◎为有可能通过传统育种或自然选择而产生遗传变化的精准育种植物和动物建立新的、更简便的监管机制。在动物福利得到保障之前，对动物法规不作任何改变，将其排除在转基因生物的规则范围之外。

◎引入用于研究和营销的两类告知体系。育种者和研究人员需要向英国环境食品和农村事务部（Defra）申报经过精准育种产生的生物。Defra将收集到的相关精准育种生物体的资料予以公布。

◎为利用精准育种的动植物开发的食品和饲料产品建立一套新的、科学的授权程序。

◎报道指出，英国科学家在精准育种方面处于世界领先地位，该法案将使英国站在农业研究和创新的最前沿，吸引更多投资，并继续改善粮食作物以造福社会和环境。

（来源：GOV. UK）

英国PIC和国家猪肉委员会创建量化遗传改良环境效益的框架

英国种猪改良公司PIC和英国国家猪肉委员会于2022年宣布，将合作创建一个通用框架，旨在证明遗传改良在创造更可持续的蛋白质供应方面发挥的关键作用。遗传改良对提高畜群的健康和恢复力至关重要，可以提高饲料效率并减少浪费，使蛋白质生产更具可持续性，并产生显著的环境效益。迄今为止，生猪养殖业还无法量化通过遗传改良实现的环境效益。此外，在企业的“环境、社会和治理”（ESG）报告中并未考虑遗传因素，也未将其作为减少温室气体排放的干预措施。

许多食物系统利益攸关方已经作出积极的减排承诺，并正在寻求机会减少其环境足迹。为了实现这些气候目标，他们需要减少包括生猪养殖企业在内的整个产业链产生的温室气体排放量。该框架将为企业建立一个标准化流程，以了解和衡量遗传改良如何提高猪肉生产效率，支持其减排承诺。这项工作将量化种猪供应商和生猪养殖企业在减排上的贡献，以提高行业的环境绩效并帮助生猪养殖业实现可持续发展目标。

（来源：英国种猪改良公司）

英国实施《农业创新计划》扶植农业创新项目

英国环境、食品和农村事务部（Defra）2022 年宣布，将与英国国家科研与创新署（UKRI）通过一项长期合作资助计划，即《农业创新计划》投资 800 万英镑，用于扶植农业创新项目。项目资助范围是：家畜、植物、新型食品生产系统，以及生物经济和农林业，所资助的项目须显著提升其研究领域的农业生产力、农业可持续性、减排固碳能力和农业复原力。所有项目工作需在英国国内开展，项目牵头机构需满足以下条件：为英国注册企业、英国注册组织合作机构，属于或涉及至少一项中小微企业资助申请的机构，至少涉及一个学术机构、研究及科技组织、慈善机构、非营利性机构或公共部门。

（来源：GOV. UK）

英国发布“替代蛋白行业发展路线图”

2022 年 6 月 14 日，英国国家科研与创新署（UKRI）发布了一份前瞻性战略报告——“英国替代蛋白行业发展路线图”。为提升英国在替代蛋白供应链中的研究能力和生产力，UKRI 计划拨款 9 000 万英镑到该行业，目标是使英国成为该领域的世界领导者。

报告强调了需要进一步投资和发展的 3 个优先领域。

1. 植物蛋白

关注点为豆类、其他植物的提取物、农业食品副产品等。

2. 发酵技术

关注点为从藻类、细菌、真菌等来源中提取出的不同蛋白种类，以及主要实验室肉制品的细胞培养技术。

3. 新型生产系统

关注昆虫和水产养殖等新型蛋白生产系统。

报告还指出，英国的植物性食品行业对进口原料（如大豆）的依赖度很高，目前面临着一系列挑战，包括缺乏多元的蛋白来源，难以获得高效和可持续地提取蛋白所需的技术，以及公众的认知障碍。

（来源：英国国家科研与创新署）

英国8家权威机构联合应对禽流感疫情

英国动物植物卫生局、PIRBRIGHT研究所、皇家兽医学院、罗斯林研究所、剑桥大学、伦敦帝国理工学院、利兹大学和诺丁汉大学8家权威机构加入“抗击禽流感研究联盟”，该联盟汇集微生物学、流行病学、病毒学、基因组学、数学建模等多个领域的专业团队，旨在制定应对未来禽流感暴发的新战略，控制禽流感疫情。英国生物技术和生物科学研究理事会（BBSRC）和英国环境、食品和农村事务部（Defra）已为此拨款150万英镑。

该联盟将专注于当前禽流感病毒株的致病机理、不同禽类种群的传播和感染途径（病毒如何从野生鸟类传播到养殖家禽，以及病毒入侵场所的生物安全漏洞），对禽流感演变趋势和跨越物种感染方式、路径进行绘制和建模，围绕禽流感病毒株抗性、病毒的进化和传播预测模型、家禽禽流感风险缓解措施以及人畜共患病传播等多个关键领域开展研究。

（来源：英国国家科研与创新署）

英国加大投资用于大豆锈病研究

据官网报道，英国非盈利农业生物技术组织2Blades宣布加入“气候农业创新使命”（AIM for Climate）计划，成为“创新冲刺”（Innovation Sprint）项目合作伙伴，承诺在660万美元的基础上再筹集1 270万美元，用来快速跟踪豆类的气候恢复能力。

“气候农业创新使命”（AIM for Climate）计划是美国和阿联酋于2021年发起的一项倡议，旨在通过促进增加对气候智能型农业和粮食系统创新的投资来应对气候变化和全球饥饿。2Blades开发了新一代基因发掘平台，能够挖掘遗传多样性并增强作物的持久抗病能力。大豆和其他豆类是撒哈拉以南非洲小农户的重要作物。亚洲大豆锈病（ASR）是全球大豆产量损失的主要原因，对非洲的大豆生产构成严重威胁。在“创新冲刺”项目中，2Blades将致力于建立豆类遗传抗性资源，为非洲种植者提供持久的ASR抗性。

（来源：2Blades）

荷兰投资4 200万欧元加速开发强适应性农作物

荷兰内阁2022年4月14日宣布，荷兰政府将在未来十年向CROP-XR联盟投资4 200万欧元，旨在开发更能抵抗气候变化并减少对农药依赖的农作物品种。CROP-XR的创始成员是4家研究机构（乌得勒支大学、瓦赫宁根大学与研究中心、阿姆斯特丹大学和代尔夫特理工大学）和荷兰种植协会，成员还包括约250家荷兰植物育种公司。

CROP-XR计划开发一种提高作物适应性的方法。研究人员将现代植物生物学、人工智能（AI）和功能建模结合起来，学习理解和预测植物如何通过遗传因素相互作用以更好应对胁迫条件。随后，这些知识将用于开发模式作物新品种。

CROP-XR还将促进其新方法在不同作物中的广泛应用。育种公司会尽快将种子、鳞茎、块茎等用于新作物品种种植的材料推向全球市场。

为了促进应用，CROP-XR将构建一个高效的荷兰“创新生态系统”并对之进行管理，教育机构和政府也将在其中发挥作用。CROP-XR还将投资于全国共享的数据基础设施，并将帮助荷兰教育机构培养未来的专业人才；将组织与国内外农民、消费者以及环境和发展组织等各方进行合作和对话。

（来源：Wageningen University & Research）

荷兰最新气候计划拟将牲畜减少1/3

荷兰政府拟推行一项新的气候计划，该计划总投入为250亿欧元，重点遏制荷兰农牧业氮的排放。荷兰是欧盟最大的肉类出口国，2020年其肉类出口总量为36亿kg，该国也是欧盟牲畜密度最高的国家，牛、鸡、猪总数超过1亿头。而畜牧业（尤其是工厂化养殖）是温室气体排放和污染的重要来源。自2019年以来，荷兰“氮危机”导致的过量排放已经违反了欧盟法律。因此，荷兰政府希望通过有效的措施解决这一问题。新计划预计将使牲畜数量减少1/3，这意味着温室气体排放和饲养动物个体数量的显著减少，从而在全国范围内改善环境和动物福利以及生物多样性。

该计划的主要内容包括对自愿迁移或退出畜牧业的养殖户进行补偿，并帮助其他养殖户过渡到非密集的畜牧业形式，在更大面积的土地上饲养较小规模的牲畜群。这项新计划是在高速公路限速、取消影响特别大的建设项目以及保证至少50%自然保护区达到健康氮水平的法律出台之后通过的。

（来源：Livekindly）

美国农业部《粮食系统转型框架》投资部署

2022年6月1日，美国农业部（USDA）公布了其《粮食系统转型框架》（USDA′s Food System Transformation framework）的农业资金援助部署，旨在为农业相关部门提供更多发展机会，拓宽供销渠道，为中小型生产商提供更好的市场环境。投资将覆盖供应链中生产、加工、分配和消费4个主要领域。

一、食品生产

1. 将发布新的有机农业转型计划（3亿美元），通过财政援助和作物保险援助，为农业生产向有机生产过渡提供全面的技术支持，并将为有机农产品市场发展项目提供资助。

2. 支持都市农业相关项目（7 500万美元）。其中，3 000万美元用于支持都市农业项目，4 000 万美元用于城市农民的教育培训活动，500 万美元用于支持当地都市农业生产。

二、食品加工

1. “食品供应链贷款担保计划”（Food Supply Chain Loan Guarantee Program）（1 亿美元）将提供担保贷款，并支持私人信贷机构投资食品加工和分销的基础设施，以及供应链中的其他项目。

2. “肉类和家禽加工扩展计划”（Meat and Poultry Processing Expansion Program）（3.75 亿美元），第一阶段已投入 1.5 亿美元，用于扩大加工能力，包括但不限于建设、扩建现有设施和购置设备。第一阶段于近期结束，已接受 200 多份申请，申请资金额度超过 8 亿美元。

3. “肉类和家禽加工能力技术援助计划”（Meat and Poultry Processing Capacity Technical Assistance Program）（2 500 万美元）用于建立健全的技术援助网络，为参与肉类和家禽供应链相关计划的机构或个人提供技术援助，以确保其项目的成功实施。

4. 其他投资是与贷款机构合作投资 2.75 亿美元，为企业提供贷款和其他支持，弥补肉类和家禽加工项目的信贷缺口；1 亿美元资金用于加工部门劳动力的教育培训活动；2 亿美元资金用于推动特种作物食品安全认证相关项目的实施；6 亿美元用于食品供应链基础设施建设。

三、食物的购销和分配

1. 创建区域食品商业中心（4 亿美元），为中小型食品和农业企业提供协调、技术援助和能力建设支持，尤其侧重为申请人提供加工、分销以及市场准入方面的服务。

2. “从农场到学校计划”（Farm-to-School）（6 000 万美元）通过提高儿童营养膳食配比中当地食品的占比，增加对当地食品的采购，提高农民收入。

3. 防止和减少食物损失和浪费（9 000 万美元），另 3 000 万美元用于社区堆肥和减少食物废弃物计划。

四、食物的市场与消费者

1. “健康食品融资倡议”（Healthy Food Financing Initiative）（追加 1.55 亿美元）向食品零售商供货不足的社区提供资助和贷款。

2. “老年人农贸市场营养计划”（Senior Farmers Market Nutrition Program）（追加 5 000 万美元）旨在为低收入老年人提供当地种植的水果、蔬菜、蜂蜜和草药。

3. “GusNIP 营养激励计划”（GusNIP Produce Prescriptions Program）（追加 4 000 万美元）旨在增加低收入消费者对新鲜水果和蔬菜的购买，提高参与家庭的健康水平和营养膳食能力。

4. 对补充营养援助计划进行技术改进（2 500 万美元），通过电子福利转账（EBT）技术推动计划的顺利实施。

5. 健康食品奖励基金（1 亿美元）将支持学校食品管理部门提高学校膳食营养质量。

（来源：美国农业部）

USDA 投入 1 800 万美元用于小企业创新研究

美国农业部（USDA）国家粮食和农业研究所（NIFA）2022 年 4 月 13 日宣布加大对小企业创新的投资，NIFA 的小企业创新研究计划（SBIR）将投入 1 800 万美元用于变革性农业解决方案。目前，已有 28 个小企业创新研究项目获得资助，涉及从食品科学和营养到自然资源保护等 9 个主题领域。

表　主要项目具体情况

项目类别	项目名称	资助金额（万美元）
森林及相关资源	一种用于侵入性 AMBROSIA 甲虫的化学驱虫剂 一种大型消防无人机以降低野火风险 降低由木质生物质制成的纤维素喷射燃料的成本	190
植物生产与保护（生物学）	通过开发芦荟细胞培养技术培养、生产本土芦荟品种 研制有效的蚊害防治饵剂 开发作为新型覆盖作物的抗病水芹菜	185

（续表）

项目类别	项目名称	资助金额（万美元）
动物生产与保护	一种脂肪酸乳化剂浓缩配方（作为防治家畜蝇类的生物农药）的研制 蜱虫的监测和诱捕器的研发	129
自然资源保护	开发新型系统以减少家禽生产系统造成的空气污染 研发用于快速土壤测试的便携式传感技术	130
食品科学与营养	从食物废弃物中回收并制成稳定的植物活性水果化合物用于营养品生产 一种用于环孢菌检测的基于核酸适配体的量子点横向流测试条 番茄和哈密瓜的化学剂量指示器	195
农村和社区发展	远程病例评估响应引擎 TELECARE-ICU 的研发（医学） 开发边远地区农业数字化借贷平台 Producer LED 虚拟食品产销中心试点项目	195
水产养殖	为海藻新品种和淡色水产养殖作物开发海藻养殖系统 通过移动孵化场（MOH）项目稳定和扩大双壳贝类水产品的种子供应	124
中小型农场	研发并商业化与热能存储（TES）和自动控制相结合的聚光太阳能（CST）系统 小农户的自动化高密度粉虫养殖 牲畜养殖电子围栏报警系统（EFAS）的开发和商业化	95
植物生产与保护（工程类）	用于精确管理易腐农产品，降低作物采后损失的可编程传感器 一种可挥发有机精油，在浆果采后环境中可以预防真菌生长 一种治疗蜜蜂畸形翼病的新方法 一种制造土壤可生物降解塑料地膜的新技术 开发果蛾中断交配技术（Tangler OFM） 植物再生技术研发 控制农业杂草的创新收割机技术	439

（来源：NIFA）

ARS 发布最新“植物遗传资源、基因组学和遗传改良行动计划”

美国农业部农业研究局（ARS）每 5 年制订一个未来发展计划（国家 301

计划），“植物遗传资源、基因组学和遗传改良行动计划”是国家 301 计划作物生产与保护目标领域下的一个专项，其目的是利用植物的遗传潜力来改变美国农业，使美国成为这一领域的全球领导者，反映了美国在该领域国家层面的战略部署。

2022 年 1 月 31 日 ARS 发布了 2023—2027 年行动计划，值得注意的是新的一期计划增加了作物—微生物组相互作用分析、用于作物改良和基因功能分析的基因组编辑以及用于田间和实验室研究的人工智能/机器学习等新内容。具体内容分为如下 4 个部分。

一、作物遗传改良

1. 性状发现、分析和优良育种方法

通过对植物基因组测序和标注，以及对影响优异性状的基因定位和功能描述，了解育种种群、地方品种、作物野生近缘种和其他来源群体中广泛存在的表型变异的遗传基础；通过新的遗传基因库的补充，得到多样性的实验种群，并采用高通量基因分型和高效定量表型分型技术进行功能性遗传分析；开发和应用诱变技术、生物技术和基因组编辑技术，产生新的遗传变异；组装高分辨率、基于序列的基因组图谱，以利用从模式物种获得的遗传调控路径的知识，并确定能够连锁所需等位基因群体的遗传标记。由于性状测定常常成为遗传分析和育种进程的主要瓶颈，因此需要创新高通量、定量化的表型分析方法。通过自动化、增加吞吐量、并行化或使用新的传感器及平台提高性状分析的效率、精确度和成本效益；开发和应用机器学习模型等工具管理和提取有用的信息，并将来自大群体的表型、遗传和其他“基因水平”的数据结合在一起，预测未经测试的遗传资源和育种种群的表现。

2. 开发具有优良性状的新作物、新品种和种质

培育具有优良特性和遗传多样性的种质、育种系和品种，生产出产量更高、更稳、且具有高附加值的作物，并在多变的环境和农业生产体系中稳定生产。新品种需要对多种病害和胁迫表现出更持久的抗性或耐受性，更有效地利用水分和肥料，能最大限度地提高生产效率和质量；新品种的种子或其他繁殖体必须在商业生产系统下能生产出有足够活力且性状统一的下一代植株；培育能够满足美国生产者和消费者对品质、营养、储存期以及减少生产

和加工所需的能源的要求；培育满足包括日光温室和拱棚、有机农田、小农场、家庭花园和城市景观等新生产系统和新用途需要的具有新特性的作物；培育作为生产生物能源原料的非粮食作物，提高生物基产品作物的产量和质量。

二、植物和微生物遗传资源及其信息管理

1. 植物遗传资源与信息管理

加强国家植物种质资源系统（National Plant Germplasm System，NPGS）资源收集的管理和应用，以确保高效、长期和安全地保存植物遗传资源。开发更高效、更有效的遗传资源再生、记录和信息管理方法和实践；确定和填补遗传资源收集方面的差距，尽可能在保护区内加以保护；进行植物遗传资源基因型特征和关键表型评估，并将结果数据纳入信息管理系统，向客户提供高质量遗传资源和相关信息；通过伙伴关系加强植物遗传资源、信息管理和培训能力。

2. 微生物遗传资源与信息管理

保护微生物遗传资源，包括活体和保存收集库；开发创新、高效、有效的工具和方法，以保护、分类和描述微生物遗传资源；确定微生物遗传资源的新来源，并在可能的情况下，在基因库或收集库中获得和保存；开展关键微生物库基因型特征和表型评估；在集成的公共数据管理系统中提供与微生物集合相关的身份信息、数字图像和特征数据；向客户提供高质量微生物遗传资源和相关信息；通过伙伴关系加强微生物遗传资源和信息管理能力。

三、作物生物学和分子生物学

1. 作物生物学和分子过程的基本知识

在分子、整个基因组及系统层面，加强对农作物与生物及非生物环境因素的互作关系的认识。从遗传、分子和生理水平全面了解植物微生物群如何对作物表现和效用产生正面和负面影响；拓展如何控制作物生长和发育的知识，增加对支撑作物特性和改良的生化途径及代谢过程的了解，加强对农业适应和减缓气候变化的生物理解；加深对食物（种子、水果、块茎等）品质、

营养价值，以及贮存和加工特性的认识；将基本遗传和生物知识应用于作物改良的新工具。

2. 作物生物技术的发展、实施和评价

采用新的生物技术方法对作物进行改良，并评估和减轻这些改良对作物性能、农业生产系统和环境的潜在意外影响。包括用于生产基因组编辑和/或基因工程作物的新型公共工具；改进将基因组编辑和生物技术应用于更广泛作物品种选择的方法；提高传统作物育种效率的基因工程技术；评估生物技术的影响。

四、作物遗传学、基因组学和遗传改良的信息资源和工具

为作物研究和育种提供互联、互操作和可搜索的信息资源和工具；将优良性状与分子标记、特定种质资源或样本联系起来的信息工具；开发新的生物信息学工具，用于数据分析和挖掘，以及管理高通量基因型、表型数据和知识，包括使用人工智能/机器学习方法；利用现有生物信息、统计建模和人工智能方法，通过有针对性的管理和计算分析，增强功能基因组注释；与用户社区和利益相关者保持并加强战略伙伴关系、培训和外联活动。

（来源：美国农业部）

日本2022年农业预算新动向

2022年2月22日，日本众议院通过了2022财年预算案。日本国会准备向农林水产省（MAFF）拨款总计3.2万亿日元（277亿美元）。MAFF的预算增加了对出口便利化、智能农业发展和“绿色食品系统战略”的资金支持，反映了日本政府的关注焦点和发展侧重点。

主要预算开支及拨款变动如下。

1. 增加对稻农生产方向转变的支持

MAFF将对从生产稻米转向生产其他作物的特定的生产者增加资助，并对稻农的仓储和销售予以支持，以应对因稻米库存上升和需求减少导致的米价下滑。另一个产品转化项目“稻田改造以开拓新市场”的预算比去年增加

45%，达到420亿日元（3.68亿美元）。该项目旨在从生产供本国食用的稻米转向生产供出口的稻米，以及小麦、大麦、大豆、蔬菜和饲用玉米。

2. 向新农民提供支持

为应对农业人口急剧减少的问题，MAFF在新入行的农民（简称新农民）开始耕作后的2~4年，向新农民提供固定的资金支持。为了鼓励年轻人继续务农，MAFF在2022财年重组了现有的支持计划，为每人提供高达500万日元（4.4万美元）的机械采购和设施建设资金，同时减少了固定的资金支持。2022财年的项目预算为236亿日元（2.07亿美元）。

3. 绿色食品系统战略和环境计划

MAFF拨款117亿日元（1.03亿美元）用于实施2021年5月制定的“通过创新实现减碳和恢复力的措施”（MeaDRI），即绿色食品系统战略。预算覆盖6项措施：减碳技术和颗粒化堆肥实际用途的开发与验证；建立可持续食品供应链和有机农业集群的示范区；有机产品的市场推广和销售渠道拓展；加强推广服务，促进传统农业向环保农业和节能智能温室农业转变；建立循环能源发电系统，例如太阳能温室和利用废弃物资源（稻草、稻壳、竹子等）的生物质发电，加强害虫综合治理（IPM）系统建设。

4. 智能农业预算翻倍

MAFF将对智能农业的支出从上年的76亿日元（6 700万美元）增加到140亿日元（1.23亿美元）。预算案未提及具体方案或措施。

5. 促进出口贸易便利化发展

为支持到2030年实现5万亿日元（440亿美元）的食品和农产品出口目标，MAFF预留了总计526亿日元（4.6亿美元），比上年增长23%，以促进其出口贸易的便利化发展。预算包括112亿日元（9 800万美元）用于市场营销和销售，77亿日元（6 800万美元）用于培养面向出口的生产商、生产商集团和食品企业，280亿日元（2 500万美元）用于改善出口设施和认证系统。

6. 补充复合饲料价格稳定基金

由于进口饲料原料价格飙升，MAFF自2019财年第四季度开始根据“复合饲料价格稳定系统”启动了对养殖户的资金补偿。2022年，MAFF拨款23亿日元（2 000万美元）补充复合饲料价格稳定基金。

7. 对畜牧业生产者予以支持

除“常规生产者收入稳定支持计划”外，MAFF 继续为“畜牧业集群项目”“和牛增产计划”和“奶酪生产支持计划”拨款。自 2015 年以来，MAFF 一直向这些项目拨款，并优先向丘陵和山区的畜牧业集群支付支持款项，争取扩大出口，实施环境负担缓解措施。从 2022 年开始，MAFF 将提高饲料作物产量列入其优先事项清单。由于最近原料牛奶供应过剩，MAFF 取消了奶牛养殖的支持。

（来源：美国农业部）

日本提出构建“育种高速公路”

2022 年 5 月 24 日，日本发布《农林水产科研创新战略 2022》，提出要构建“育种高速公路”，促进育种快速发展，以支持生产力提高和可持续发展。包括以下 6 个重点工作方向。

◎加强品种研发能力，提升新品种申请数量。

◎利用快速发展的无人机技术和图像处理技术，推广基于基因组信息等大数据人工智能育种技术。

◎组织研究机构、大学和民间育种公司等育种机构协同发展关键育种技术，发展相关育种服务产业。

◎制定“绿色品种开发方针”，进一步明确育种方向、加强智能育种基础设施建设、推进产学官合作。

◎开发并确立多项能与国外专利相抗衡的日本独创、便于使用和跨时代的基因组编辑技术，建立产学官基因组编辑实验室和基因组编辑受托机构，促进育种服务产业化。

◎加速开发生长良好、固碳能力强的树木品种，大幅缩短林木育种时间，推进利用基因组信息的育种技术开发。

（来源：日本农林水产技术协会）

农业成为法国关注的核心战略

俄乌冲突给欧洲种子部门带来了严重风险，导致乌克兰未来两年预计只能满足正常情况下50%~60%的种子生产。受此事件影响，欧盟各国已将粮食主权重新置于政治战略的中心。在担任欧盟轮值主席国期间，法国大力动员欧盟成员国和欧洲机构应对这一事件，并支持实施“从农场到餐桌”和“生物多样性2030”战略。采取的主要农业措施包括以下内容。

1. 标准互惠性

为加强“欧洲绿色协议”“共同农业政策”和欧洲贸易政策之间的一致性，法国提倡标准互惠原则，旨在对来自欧盟成员国的产品和从第三国进口的产品适用相同的环境和健康生产标准。为此，决定通过国际机构（世界贸易组织、联合国粮食及农业组织等）和双边协定来推广欧洲标准。

2. 碳农业

法国已将农业确定为应对气候变化的解决方案之一，特别是通过监管环境原则，允许农民进行可减少且能储存土壤中碳的做法。欧洲立法提案将包括碳捕获和激励措施的认证框架。

3. 修订可持续使用农药指令（SUD）

2022年6月22日，欧盟委员会发布了关于可持续使用农药的第2009/128/EC号指令修正案的提案。该条例以法规的形式直接适用于所有成员国，旨在到2030年将合成农药和最危险产品的使用量减少50%。要达到这一目标，抗病抗虫种子将发挥重要作用。

（来源：European-seed）

法国发布《经济和社会恢复计划》

2022年3月16日，法国政府发布了一项《经济和社会恢复计划》，以紧急应对与乌克兰战争有关的原材料价格暴涨问题，其中，涉及农业方面的主要内容如下。

一、主要挑战

乌克兰战争对法国农业和农产品产生了直接影响。目前面临的三大挑战如下。

1. 能源价格持续上涨，直接引发化肥价格上涨（俄罗斯是化肥主要出口国）。

2. 世界粮食价格上涨（乌克兰和俄罗斯是全球重要的粮食出口国，出口量占全球总出口量的30%）。

3. 乌克兰是动物饲料（特别是猪和家禽）的主要生产国，动物饲料输出的波动将引发全球畜禽市场的价格波动。

二、实施措施

为应对这些挑战，《经济和社会恢复计划》实施了4项措施。

1. 面对不断上涨的饲料成本，政府拨款4亿欧元，承担部分额外的饲料成本，主要针对高度依赖饲料采购的牧场。援助从4月1日开始，为期4个月。

2. 针对燃料成本增加，将实施适用于农牧民的免税措施，降低其燃料成本。

3. 面对天然气成本的增加，农业、林业和农业食品企业将获得上限为2 500万欧元的援助。该措施将在2022年3月1日至12月31日期间实施。

4. 针对其他困难，政府将从今年开始额外增加6 000万欧元的社会保障额度。

三、额外措施

此外，法国政府还公布了4项额外措施。

1. 启动新的贸易谈判。代表农产品和食品供应商以及大型零售商的各种专业组织、经济事务部、财政部和复兴部以及农业和粮食部于2022年3月18日举行会议，各方于3月31日签署了一份承诺书，以应对这次挑战。

2. 确保2022年国内的化肥供应。设立工作组，确保进口原材料和国内化肥生产的安全；调整或推迟可能影响2022年化肥供应的监管措施；开发使用当地生产的有机肥料。

3. 生产更多的蛋白。欧洲和法国在2022年启动了特别措施，允许在休耕地区进行春季作物耕种、割草、放牧等活动。

4. 加速粮食自主。实施“氮自主计划”，支持绿肥生产和有机粪肥回收系统；在法国2030框架内加强植物蛋白计划的实施；制定农业和粮食能源自主计划，加快可再生能源的发展，提升上游农业和农业食品工业的“减碳”能力；制定法国和欧洲“水果和蔬菜”自主计划。

（来源：法国农业与粮食主权部）

澳大利亚发布《农业数字基础战略》

2022年4月1日，澳大利亚政府发布了《农业数字基础战略》，规划了数字技术在本国农业、林业和渔业的发展路径。澳大利亚将其国家农业创新数字化目标设定为——到2030年成为数字农业的成熟使用者、开发者和出口商。澳大利亚联邦科学与工业研究组织（CSIRO）指出，数字创新有潜力在未来10年为该国带来3150亿美元的总经济价值，并成为该国经济持续增长的一个关键因素。该战略主要举措如下。

1. 领导能力

投资3 000万美元构建的国家数字农业中心，将从国家层面对数字农业工作进行领导、组织和统筹协调；实施智能农业伙伴关系计划，6年内已投资5 750万美元，鼓励农民和土地管理者广泛采用数字农业；搭建Grow^{AG}数字平台，帮助澳大利亚农业研究和发展公司（RDC）、高校和私人组织展示其成果，构建与国内外投资者联系沟通的桥梁，促进研究成果商业化等。

2. 技能

地方创新中心将分别投入资金，开展推广活动，以推动农民和农企提高数字素养、使用数字技术；通过国家农业劳动力战略和澳大利亚政府路线吸引、保留农业劳动力，提高其从业技能；实施AgATTRACT计划，提供就业类项目；实施下一代新兴技术毕业生计划和人工智能毕业生计划，投资额为4 730万美元。

3. 数据和治理

投资40万美元建设澳大利亚农场数据代码，同时提供了一个服务框架，帮助使用者进行数据的获取、管理和共享，并提供相关的数据政策指导；投资2.149亿美元实施国家土壤一揽子计划，用以获取历史和最新土壤数据；建立国家管理交易平台（agsteward.com.au）为固碳减排和生物多样性项目提供市场机会。

4. 机会和价值主张

推进生产者技术学习计划、促进农产品出口计划、农业可追溯性投资计划等，帮助农民了解和应用数字技术和数据，推进澳农业出口系统的数字转型，支持农场生物安全的可追溯性。

5. 互联互通和基础设施建设

实施澳大利亚互联互通区域计划，为地方电信基础设施项目提供资金，以改善澳大利亚农村和偏远地区的数字互联互通；实施强化电信网络对抗自然灾害计划，以提高澳大利亚电信网络在森林火灾和自然灾害易发地区的抵御能力；建立地方科技中心，帮助澳大利亚农村和偏远地区实现数字连接。

（来源：澳大利亚农业、渔业和林业部）

加拿大发布10个农业创新项目

加拿大农业与农业食品部（Agriculture and Agri-Food Canada）宣布，有10个项目获得加拿大BC农业创新计划（Canada-BC Agri-Innovation Program）资助，资助总额超过100万美元。

表　项目主要内容及资助金额

序号	项目内容	资助金额（万美元）
1	分离出适合生物合成抗菌肽（“AMPs”，这种蛋白质可以替代家禽养殖场中的抗生素）的酵母菌株，并利用这种生物合成的方式来增加AMP产量	24.75
2	设计和开发低排放奶牛养殖场，评估其经济可行性	16.50

（续表）

序号	项目内容	资助金额（万美元）
3	开发三轮电动微型拖拉机原型机，减轻种植和收获作物的体力劳动，提高工人生产效能	1.50
4	构建和测试便于使用的蜂箱配件，以提高瓦螨（蜜蜂体外的一种寄生虫）防治的有效性	3.38
5	对有机认证的除草剂进行田间测试，就功效和成本，与其他获得批准的有机除草法进行比较	0.64
6	开发葡萄园节水灌溉新技术，控制灌溉量，并使用地下精准灌溉系统减少用水量	19.20
7	推行大型果蔬自动分拣技术以提高产能，测试同时校准多个物种/品种的分类技术的效能	17.98
8	设计、建造和试验一个藻类生物反应器，该反应器可以隔离啤酒、葡萄酒和烈酒生产过程中发酵产生的二氧化碳	6.30
9	减少葡萄园中氮肥的用量，将变量施肥与“葡萄产量和果实质量分析”相结合，优化葡萄园生产力	6.50
10	评估生物炭在水资源紧张的农业地区，保持作物产量的同时，改善土壤水分、保持土壤养分和碳储存的能力	6.90

（来源：加拿大农业与农业食品部）

加拿大通过“农业科学计划”投资6个创新项目

2022年4月26日，加拿大农业与农业食品部宣布通过其“农业科学计划”（AgriScience Program）向6个加拿大本土公司/机构投资超过640万美元用于农业创新研究。

1. AFA Systems Ltd. 将获得105.4万美元，开发农业堆肥系统。该项目提出的解决方案将使用生物复合材料，并为用于垃圾填埋的复合罐提供功能性和可持续的替代方案。

2. Cascadia Seaweed Corporation（CSC）将获得53.3万美元，用于确认3种海藻是否能够作为牛的替代饲料。CSC将评估此类饲料对减少甲烷排放和动物生产性能的影响，寻找可持续和低耗能的饲料来源。

3. Enns Brothers Ltd. 将获得 272 万美元，开发人工智能驱动设备，用于自主、无损的作物监测。该设备集成了激光雷达和多光谱传感器以生成三维点云数据。通过该项目，将计算机视觉和机器学习方法用于为作物健康诊断、决策支持和保险应用提供新的定量信息。

4. McCain Foods Limited 将获得 48 万美元，用于在商用马铃薯农场试点清洁技术，开展再生农业实践活动，并评估此类做法对减少农业环境足迹、促进土壤健康和生物多样性、提升作物产量和增加农场收入的影响。

5. Naut'sa Mawt Tribal Council 将获得 28.3 万美元，用于调查将生猪养殖整合到蔬菜作物轮作系统中，对土壤质量、养分循环的影响，以及这种模式的经济效益。

6. Nexus Robotics 将获得 136.4 万美元，用于开发软件，为除草机器人增加病虫害检测功能。该项目通过为生产者提供数据和信息，使他们能够针对已确定的害虫采取有针对性的即时行动。

（来源：加拿大农业与农业食品部）

加拿大投入 320 万美元用于牧场碳封存研究

2022 年 5 月 30 日，加拿大农业与农业食品部获得 320 万美元的资金，用于牧场碳封存研究。加拿大萨斯喀彻温大学（University of Saskatchewan）将主导这项为期 5 年的研究项目，项目将支持养殖者继续进行高效的放牧管理，同时支持生物多样性和碳封存。研究人员将在萨斯喀彻温省的多年生草料和牧场中测试碳储存，准确测量并制作萨斯喀彻温省牧场和牧场碳含量地图。在此过程中，研究人员希望找到促进全省牧场碳封存的管理方法。目前，该项目已得到 11 个不同行业集团的支持，得到萨斯喀彻温省牧民协会 10 万美元赠款以及 2.5 万美元的实物捐助。

（来源：加拿大农业与农业食品部）

欧洲投资 1.2 亿欧元推动循环生物经济发展

2022 年 6 月 22 日，欧洲循环生物基合作组织（CBE JU）发布了一个新的项目提案征集，投资额总计 1.2 亿欧元，旨在大力推动欧洲循环生物基产业发展。

表 资助方向及其资助金额

序号	资助方向	金额（万欧元）
1	循环生物产品的生物碳捕获和利用	1 000
2	农村地区农业残留物、副产品和废弃物的商业合作模式构建	1 000
3	构建生物基化学品生产线，以替代化石基产品	1 200
4	混合生物基废弃物协同管理	1 200
5	提升生物基原料提取效率，预防和控制生物基工业污染，实现多产品、零浪费、零污染	1 400
6	高附加值食品和饲料原料的替代来源研究	1 400
7	提高特种生物基聚合物的生产能力	900
8	生物基涂料、阻隔层、黏合剂，以及黏合剂产品组合的多样化，并扩大其应用范围	900
9	研发 Circular-by-design 生物基材料，以符合复杂结构（如多层或多材料结构）的应用需求	900
10	增加替代和非常规蛋白来源	900
11	生物基纤维原料的开发、种植和加工	900
12	构建监测系统，用于追踪工业生物基系统的环境影响和循环性	300

（来源：欧洲循环生物基合作组织）

欧盟启动作物育种新项目——Root2Res

2022 年 9 月 1 日，由欧盟 Horizon Europe 计划资助的 Root2Res“环境适应型轮作作物根系表型分析和遗传改良”项目在法国正式启动。该项目为期 5 年，旨在设计、开发和评估更能适应气候变化的栽培新品种。

由于根系在抵抗非生物胁迫（水分缺乏或过量、营养缺乏）和促进土壤碳储存方面发挥着重要作用，该项目准备开发应用于田间和受控条件下的植物根系表型分析工具，具有一组相关标记和遗传资源的遗传工具，以及在其他环境和农业背景下推断结果的建模工具。这些工具将用于定义和测试创新的基因型，以增强对非生物胁迫和土壤碳吸收的耐受性。

Root2Res 汇集 22 个合作伙伴，组成一支跨学科团队，将对谷物（大麦、小麦）、马铃薯、豆类（蚕豆、豌豆、扁豆）和红薯开展研究。研究人员将对选定物种和基因型的根际微生物组组成和功能性状进行表征。此外，他们将根据豌豆的基因型数据，识别与所需根性状相关的新的候选基因和标记，并对豌豆进行田间试验。

（来源：FiBL 有机农业研究所）

欧盟发布首部《自然恢复法》

2022 年 6 月 22 日，欧盟委员会发布了第一个明确针对恢复欧洲生态环境的立法——《自然恢复法》（Nature Restoration Law），以修复 80%状况不佳的欧洲栖息地，改善农业用地、海洋、森林和城市生态系统的健康状况。其目标是到 2030 年通过自然恢复措施覆盖至少 20%的欧盟陆地和海域，并最终在 2050 年之前将这些措施扩展到所有需要恢复的生态系统。欧盟将提供近 1 000 亿欧元（858 亿英镑）用于生物多样性支出。该法案的具体目标包括如下内容。

到 2030 年扭转传粉昆虫种群（pollinator populations）数量下降的趋势；

到 2030 年，城市绿色空间项目（green urban spaces）实现收支平衡，并于 2050 年增长 5%，欧洲每个城市、城镇和郊区的树冠覆盖率至少为 10%，建筑和基础设施中的绿色空间实现增长；

在农业生态系统中，生物多样性总体增加，草地蝴蝶、农田鸟类、农田矿质土壤有机碳含量和农田多样性景观特征呈积极发展趋势；

农业用途的泥炭开采地的修复和复湿；

在森林生态系统中，生物多样性总体增加，物种和有机碳储量呈积极变化趋势；

恢复海洋栖息地的生态环境；消除河流障碍，到 2030 年，至少 2. 5 万公里的河流实现畅通无阻。

该法案在欧盟及其成员国具有法律约束力，其目标是：到 2030 年将化学农药的使用和风险降低 50%。成员国将在参数范围内设定本国减排目标，以确保实现欧盟范围内的减排目标。

但近日，奥地利、保加利亚、爱沙尼亚、匈牙利、拉脱维亚、立陶宛、波兰、罗马尼亚、斯洛伐克和斯洛文尼亚等10国发布联合声明表示，粮食安全和欧盟农业生产面临诸多挑战，这些挑战由于俄乌战争进一步加剧，这种情况下，10国中任何一国若未达到《自然恢复法案》的农药减量目标，不应认定该国违法。当前出台稳定和相适应的措施，对于保护欧洲农民和消费者而言更加重要，且成员国若由于不可预测的原因（如新的虫害、出现入侵物种或农业结构发生变化）而无法实现2030年减量目标，应允许成员国改变行动计划。

（来源：European Commission）

欧盟项目获740万美元用于食物垃圾转化

随着欧盟新的循环经济行动计划（CEAP）的推出，实施重点越来越多地落在减少浪费和为其他未充分开发或未使用的资源寻找新应用上。欧盟Waste2Func项目获得740万美元的资助，旨在回收食品和农业废弃物，以保护环境。该项目将创建一个将混合垃圾转化为生物塑料和生物表面活性剂的平台。该平台的创建将有助于打造一个可持续的废弃生物质供应链，把农作物废弃物与工业食品废弃物供应链结合起来，将这种组合废弃物转化为乳酸和微生物表面活性剂，转化后所得材料可用于制造化妆品、家居用品和个人护理产品。目前，Waste2Func拥有来自欧洲5个国家的12个合作伙伴，包括农业协会、研究机构、中小企业和赢创、禾大、Ecover等大型企业。该项目预计将使这些废弃物的价值增加10倍，减少至少20%的相关原材料制造过程中产生的碳排放量，并在欧洲新兴的废物转化行业中创造就业机会。

（来源：Food Ingredients First）

山东省加快推进现代种业发展

2021年12月27日，山东省政府印发《山东省“十四五”推进农业农村现代化规划》（以下简称《规划》）。在《规划》的“重点任务”部分，强调要加快推进现代种业发展。该省的种业工作将聚焦于：大力开展种业自主创新，实施农业良种工程和现代种业提升工程，以培育突破性高质高效农业新品种为核心，整体设计种质创新、技术创新、品种培育和高效繁育等全创新链条，建立产学研融合、育繁推一体的现代种业科技创新体系，打造省级商业化农业生物育种平台，加快现代种业强省建设。到2025年，培育具有重大应用前景和自主知识产权的突破性优良品种100个，壮大一批研发创新力强、市场竞争力强的“育繁推”一体化种业企业。到2025年，综合经营实力进入全国前50强的种业企业达到10家。推进国家区域性畜禽基因库、国家区域性良种繁育基地、北方种子交易中心、省级农作物种质资源库、济南植物基因编辑基地、烟台中国北方种谷、青岛国家海洋渔业生物种质资源库等建设。

（来源：山东省农业农村厅）

天津市推动农作物种业振兴

2022年5月23日，天津市农业农村委员会印发了《天津市种植业“十四五”发展规划》（以下简称《规划》）。《规划》围绕落实乡村振兴战略实现产业兴旺的总体要求，结合天津市控沉节水的需要，坚持适水种植、量水生产的原则，突出区域特色和错位发展。《规划》坚持高起点实施种业振兴行动，加强农业种质资源保护利用。加强种源关键核心技术攻关，加快培育小站稻和蔬菜等优势种业重大创新品种，进一步提升优良品种覆盖率，农作物良种覆盖率达到98%以上，力争小站稻实现种植区域优良品种全覆盖，让天津种源为保证国家粮食安全作出更大贡献。推进企业扶优，引导资源要素向重点种业企业集聚，优先保障种业企业用地、用水和融资需求。推进生物育种产业化，严格市场监管和转基因技术利用，保护知识产权，净化种业市场。

（来源：天津市农业农村委员会）

合肥市聚力打造种业之都

2022年6月12日，合肥市印发《种业之都建设三年行动计划（2022—2024年）》（以下简称《行动计划》），力争到2024年，初步形成“种业之都”基本框架，在全国种业布局中有地位、在全国种业行业中有影响、在空间发展布局中成体系、在全市产业发展中做贡献。

《行动计划》共有5个方面内容。

一是龙头企业培育计划，包括聚力培育种业行业领头雁，打造种业上市公司合肥板块，加强种业国际合作。

二是重大平台建设计划，包括争创种业国家重点实验室，培育种业新型研发机构，创建种子质量检测公共服务平台。

三是领军人才引育计划，包括集聚种业战略性人才团队，支持种业高层次人才创新创业，引进培养种业领航企业家。

四是种业之都布局优化计划，包括打造“双谷”创新引擎，建设“二园”产业集群，推动“两中心”协同发展，构建“N基地”支撑体系。

五是种质资源收集保护计划，包括支持省农业种质资源中心库建设，创建中国菌物种质资源库，开展地方特色种质资源收集保护。

（来源：合肥市农业农村局）

河南省“中原农谷”建设方案打造千亿级种业和粮食产业集群

2022年4月13日，河南省政府印发了《“中原农谷”建设方案》（以下简称《方案》）。《方案》以坚持创新驱动、坚持开放发展、坚持市场引领、坚持绿色低碳、坚持改革推动为原则，以建设国家农业创新高地为引领，聚力打造“四大中心（国家种业科技创新中心、现代粮食产业科技创新中心、农业科技成果转移转化中心、农业对外合作交流中心）、两个示范区”（农业高新技术产业示范区、智慧（数字）农业示范区）。

一、实施“一核三区”发展战略

《方案》以郑新一体化发展为牵引，构建布局合理、集约高效的区域发展空间，实施“一核三区”发展战略。其中，“一核”包括国家生物育种产业创新中心、神农种业实验室、河南现代农业研究开发基地、国家现代种业产业园、国家小麦技术创新中心示范基地，以种子、种苗、种畜（禽）为主攻方向，打造以种业为突出特征的农业创新高地和农业科技新城。“三区”包括延津县部分区域为主体的东区，以小麦全产业链、粮油等特色农产品加工为主要建设内容；新乡县、获嘉县部分区域为主体的西区，以小麦、大豆等良种繁育为主要建设内容；原阳县部分区域为主体的南区，以水稻种植、食品全产业链加工为主要建设内容。

二、建设一流种业创新平台

《方案》明确，到2025年，建成国内一流的种业创新平台，国家生物育种产业创新中心科技创新能力国内领先、国际知名，神农种业实验室成为国家实验室或成为国家实验室的重要组成部分，种业产业化实力迈入全国第一方阵；打造小麦、玉米等优势作物产业科技创新高地，创建国家农业高新技术产业示范区，初步成为具有一定影响力的种业、粮食科技创新中心；培育1家全国十强种业企业并实现上市，农业领域高新技术企业达到10家以上，培育3~5家国家级农业产业化龙头企业。

到2035年，建成世界一流的农业科技基础设施集群、科研试验示范基地集群和全球粮食科技创新高地，“中原农谷”成为国家区域性农业创新核心力量，河南省全球十强种业企业实现零突破，农业领域高新技术企业达到30家以上，打造千亿级种业和粮食产业集群。

三、明确五方面重点任务

《方案》明确了“中原农谷”建设的5个方面重点任务，分别是：

◎打造种业创新核心增长极，包括实施种业创新能力跃升工程、实施种业创新机制重塑工程、实施生物育种龙头种企培育工程、实施种业国际合作交流工程。

◎建设现代农业科技创新中心，包括打造科技创新重大载体、建设粮食高新技术集成地、打造粮食科技研发合作平台。

◎推动农业科技成果转化应用，包括创新成果转化应用机制、完善农技推广服务网络、大力发展数字智慧农业。

◎大力发展农业高新技术产业，包括引进和培育农业高新技术企业、推动粮食科技型企业集聚发展。

◎重塑要素聚集创新环境，包括搭建农业科技要素融资平台、搭建农业创新政策集成平台、培育高层次农业科技研发队伍。

（来源：河南省农业农村厅）

河南省印发《“十四五”现代种业提升工程建设实施方案》

2022年5月，河南省印发《河南省“十四五”现代种业提升工程建设实施方案》（以下简称《方案》），旨在推进河南由种业大省向种业强省转变，在种业振兴行动中走在全国前列。

《方案》提出，到2025年，河南省全省种业总产值达到500亿元以上，农作物良种覆盖率达到98%以上，畜禽核心种源自给率达到80%以上；农业种质资源保护利用体系基本建立，收集保存、鉴定评价、分发共享能力大幅度提高；神农种业实验室和国家生物育种产业创新中心装备条件全国领先，理论创新、基础研究、生物育种进入全国前列；建设一批农作物、畜禽、水产等良种繁育基地，形成“保、育、测、繁”分工合作、紧密衔接的现代种业发展格局。

《方案》强调，树立“项目为王”理念，在推动国家布局项目落实的基础上，实施一批具有基础支撑作用的种业振兴项目。建设一批农作物种业提升工程，重点支持大宗农作物和特色优势农作物种业发展，建设现代农作物种业体系；建设一批畜禽种业能力提升工程，围绕畜禽种质资源保护、育种创新、测试评价、良种繁育等建设现代畜禽种业体系；建设一批水产种业能力提升工程，围绕水产种质资源保护、育种创新、测试评价、良种繁育等建设现代水产种业体系；建设一批食用菌种业提升工程，支持大宗食用菌和特色优势菌类种业发展，围绕食用菌种质资源“保、育、测、繁”等内容建设与食用菌生产大省相适应的食用菌种业育繁推体系。

（来源：河南省人民政府）

河南省设立首支省级种业发展基金

为扶优培强优势种业企业，推进种业科技创新，建设现代种业强省，河南省积极发挥财政资金引导作用，发起设立河南现代种业发展基金（以下简称基金），并将下达一期财政出资部分 2.5 亿元。

基金遵循“政府引导，市场运作，滚动发展”原则，通过统筹整合相关涉农资金，吸引社会资本参与设立，分 3 期进行，每期基金投资规模 10 亿元（其中，财政出资 2.5 亿元，募集社会资金 2.5 亿元，基金设立后通过投贷联动等方式撬动金融资本 5 亿元），3 期投资总规模将达到 30 亿元。

基金重点围绕河南省委省政府实施乡村振兴、种业振兴、建设现代种业强省的决策部署，聚焦现代种业产业发展，重点投资育种能力强、市场占有率高、经营规模较大的“育繁推一体化”种业企业，在基因育种、核心种群选育和生物技术创新推广等方面培育一批“专精特新”种业企业和创新团队，推动种业产业高质量、跨越式发展。

（来源：大河网）

内蒙古自治区启动种业振兴“揭榜挂帅”专项行动

2022 年 3 月 31 日，内蒙古科技厅发布 2022 年种业科技创新重大示范工程“揭榜挂帅”项目榜单，面向全国范围遴选科研团队，解决种业发展的 12 项重大科技难题。“揭榜挂帅”专项行动呈现出 4 个特点与亮点。

一是创新出榜机制。实行“政府出题”与“企业、政府、专家联合出题”相结合的出榜机制。通过建立联席会议制度和专家咨询委员会，充分调动政府各有关部门、行业领军人才和龙头企业力量，共同分析种业产业发展的难点和堵点，提出种业科技创新重大需求，凝炼出瓶颈问题、专项目标和揭榜条件，最终形成“揭榜挂帅”榜单向社会发布。

二是强化研发投入。坚持企业为投入主体，项目资金由揭榜方企业自筹和财政科技资金支持共同保障，企业自筹资金与财政科技资金支持比例原则上不低于2：1，优先支持有地方资金配套政策的揭榜方。同时，根据种业创新周期长、风险高、链条全的特点，财政科技资金将视项目实施期限给予滚动支持，推动形成种业科技创新稳定支持模式。

三是产学研高效协同。首次明确要求区内企业牵头组建创新联合体，联合区内外高校、科研机构、科技型企业等共同揭榜攻关。按照“基础研究、应用研发、推广示范”系统布局创新链条，形成以市场为导向、企业为主体、产学研深度融合的技术创新体系和责任明确、决策与执行顺畅、利益共享风险共担的产学研高效协同机制。

四是首次导入“赛马”机制。针对出现同一榜单由两个较强实力的创新联合体揭榜，两个揭榜方案各有特色、专家建议都予以支持的情况，首次在项目组织管理过程中导入“赛马制”，给予两个创新联合体两种揭榜方案同时立项，平行资助、并行攻关，在项目开展过程中采取阶段性考核、竞争性淘汰机制，让真正干得好的主体脱颖而出。

（来源：内蒙古自治区科学技术厅）

重庆市全力打造西部种业高地

2022年6月29日，重庆市召开种业振兴行动推进会，提出将集中力量破难题、补短板、强优势、控风险，突出全产业链、市场化“两个导向”，聚焦稳粮保供、提质增效“两个重点”，筑牢实现农业农村现代化的种业根基，全力打造西部种业高地。

目标分3个阶段实现：到2023年，种质资源普查任务全面完成，一批种源关键核心技术取得突破，种业振兴的基础更加牢固；到2025年，农业种质资源保护利用体系基本建立，农业关键核心技术攻关和育种联合攻关取得新进展，农业供种保障能力明显提升；到2030年，种业振兴实现做大做强，农业种质资源实现应保尽保，核心种源自给率和市场竞争力稳步提升，西部种业高地全面建成。

具体实施“五大行动”。

一是种质资源保护利用行动。加强对种质资源家底的摸排，做好收集保护并及时鉴定，让重庆特色农业种质资源应收尽收，应保尽保。

二是种业创新攻关行动。以整合资源为关键，推动组建“跨部门”的科企研联合体、“跨学科”的多学科联合攻关机制、“跨区域”的合作机制。

三是种业企业扶优行动。以培育、引进、重组为路径，培育 2 家以上全国有影响力的骨干种业企业，优化种业资源配置和种业企业布局。

四是种业基地提升行动。通过建设一批种源制繁基地，实现柑橘、榨菜、生猪、油菜、水稻等大宗农产品种源供种能力明显提升。

五是种业市场净化行动。从加强种业知识产权保护、品种管理、种业执法监管方面，为种业发展营造良好的市场环境。

（来源：重庆日报）

四川省“十四五”现代种业发展规划出炉

2022 年 1 月 29 日，四川省印发《四川省“十四五”现代种业发展规划》（以下简称《规划》），致力将四川打造成为中国西部现代种业发展高地，到 2025 年初步实现由种业大省向种业强省转变目标。

《规划》明确了五大具体目标：即资源保护迈上新台阶、育种创新取得新突破、供种保障取得新进展、主体培育取得新成效、监管能力实现新提升。

《规划》实施五大重点工程，主要内容如下。

一是种质资源保护利用能力提升工程，将加快资源普查收集保护、健全完善资源保护体系、开展资源鉴定评价、推动资源创新共享利用，包括在天府现代种业园内建设四川省种质资源中心库，新建和改建种质资源圃（场、区、库）136 个，建设省级种质资源鉴定评价中心 1 个，建设特色资源创新开发利用基地 50 个。

二是育种创新能力提升工程，将打造种业科技创新平台、推动关键技术创新应用、深入推进良种联合攻关、加快种业科技成果转化。布局一批育种创新能力提升重点项目，涵盖农作物、畜禽、水产、蚕桑和饲草五大类别，力争培育绿色高产、优质专用和适宜轻简化栽培的突破性粮油农作物新品种10个以上，培育酿酒专用新品种5个以上；开展蔬菜、果树、茶、食用菌、马铃薯和道地中药材新品种选育，选育新优品种20个以上，培育地方猪新品种（配套系）2~3个。

三是良种繁育能力提升工程，将大力推进现代种业园区和种业集群建设、加快建设优势种业良繁基地、加强南繁科研育种基地建设。以邛崃天府现代种业园区和三台国家现代生猪种业园区为引领，创建国家区域农作物和畜禽种业创新中心以及中国南方蔬菜种业创新中心。建成农作物、畜禽、水产、蚕桑等现代种业园区10个，重点建设水稻、玉米、油菜、大豆、生猪、牛羊、水产等7个集群类型，实现产学研用、一二三产业高度融合发展。

四是企业竞争能力提升工程，将培育种业行业领军企业、加快培育优势种业品牌、鼓励种业企业兼并重组、深化对外开放交流合作。组建四川省现代种业发展集团有限公司，培育壮大龙头种业企业；支持中央企业、上市企业中的种业企业以及世界种业50强、国内种业20强在川设立总部或区域总部；培育领军种业企业28家，力争10家以上领军企业进入全国种业企业50强。

五是监管服务能力提升工程，将深化种业法治建设、加强检测展示评价体系建设、加强种业市场监管、严格规范品种管理、深化种业“放管服”改革。

（来源：四川省农业农村厅）

成都市加快推动现代种业建圈强链

成都市委、市政府高度重视种业工作，把现代种业纳入全市20个重点产业链之一，作为引领都市农业的先导性、基础性、战略性产业布局谋划，着力实施现代种业建圈强链行动，既聚焦产业生态“建圈”，围绕重点产业“强链”，加快构建现代种业产业体系、科技支撑体系和要素保障体系，推动实现种业科技自立自强、种源自主可控，取得了以下成效。

一是规划体系不断完善。编制出台《成都市“十四五”种业发展规划》和《成都市推进现代种业高质量发展十条政策措施（试行）》。系统梳理种业产业链关键环节、链主企业及领军人才，摸清前沿趋势、技术路线、种质资源等关键底数，绘制成都市现代种业产业图谱。制定印发《成都市实施现代种业建圈强链行动2022年工作要点》，明确年度重点工作完成时间表、分工图，建立健全“周报告、月调度、季拉练”工作机制，加强调度跟踪，确保年度工作任务件件落地落实。

二是链主企业逐渐壮大。清单式检索“链主”企业和关键配套企业，重点引进成长性好、潜力大的种业企业，成功争取四川省现代种业发展集团有限公司落户天府新区国家成都农业科技中心，成功引进先正达、荃银高科等种业及关联企业21家落户天府现代种业园。按照“一链一基金、一链到底”的思路，成渝联建成立西南首支1.5亿元天府种业产业基金，为落户天府现代种业园的10家科技型初创企业、10个科研创新团队提供全生命周期金融服务。

三是产业载体有序集成。健全完善“核心+基地+网络”科创体系，加快构建以天府现代种业园区和中国南方蔬菜种业创新中心总部区“双核”为驱动，以成都国家现代农业产业科技创新中心、温江国家农业科技园区、新津天府农博园、蒲江农业现代化示范区等多点为支撑的种业发展格局。

四是技术瓶颈逐步突破。与四川省农业科学院、四川农业大学、中国农业科学院都市农业研究所初步达成《成都市共建都市现代农业产业链科技合作协议》，四方将协同创新合作，组建首席专家、骨干专家产业链智囊团，采取科研项目“揭榜挂帅”、科研经费“包干制”试点等方式，加快解决产业链的共性、“卡脖子”问题。

五是市场环境持续净化。加强《中华人民共和国种子法》《四川省农作物种子管理条例》等法律法规的宣贯力度，制定出台《2022—2023年成都市种业监管执法年活动实施方案》，强化种业知识产权保护，净化种子市场环境，激发市场主体活力，为种业高质量发展营造良好环境。

（来源：四川省农业农村厅）

云南省多措并举推进种业振兴

2022年7月4日，云南省印发《云南省支持种业振兴若干政策措施》

（以下简称《措施》），提出围绕粮食安全和优势特色产业发展用种需求，发布种源关键核心技术和育种联合攻关任务清单，省级财政将支持优势高校、科研单位和企业，采用协同、定向方式开展育种创新攻关。

在种质资源保护方面，开展省级农业种质资源库（圃、场）认定，健全种质资源保护体系。在育种创新攻关上，推进种子种业联合实验室建设，针对粳稻、抗病玉米等12个特色品种构建共享平台，首个实施周期为5年。

《措施》明确，针对省内育种单位自主选育品种的推广工作，将对突破性新品种和优良大品种实行推广后补助，突破性新品种以创新性和技术水平为主要指标，优良大品种以推广面积、经济效益为主要指标。开展农作物良种繁育、畜禽核心育种、水产核心繁育等省级种业基地遴选认定。发挥政策性金融在服务种业方面的引领作用，为现代种业高质量发展提供长期稳定的金融服务。建设1个省级农作物种子质量检测中心和5个区域性种子质量检测分中心，建设10个区域品种综合测试站。对国家现代种业提升工程布局在云南的项目，资源保护类、品种测试类项目，按照地方配套不低于项目总投资10%、20%的要求，省级预算内投资给予配套支持。

（来源：云南省农业农村厅）

海南省加快推进南繁硅谷建设

2022年3月14日，海南省印发《关于做好2022年全面推进乡村振兴重点工作的实施意见》（以下简称《意见》）。《意见》指出，要推进海南种业振兴，制定《国家南繁硅谷建设规划（2021—2030年）》。加快南繁硅谷“一城两地三园”建设，搭建国家种业重大科研设施平台，加快崖州湾种子实验室建设，全力支持南繁科研育种基地开展种源关键核心技术攻关；以南繁科技城为主体，推进陵水安马洋、乐东抱孔洋“一体两翼”南繁种业发展；加强农业种质资源收集保护，新建国家热带野生稻种质资源圃；深入推进第三次畜禽遗传资源普查和第一次全国水产养殖种质资源系统调查；加大种业知识产权保护力度，严厉打击种业领域侵权套牌、制售假劣种子等违法行为；举办2022中国种子大会暨南繁硅谷论坛。

（来源：海南省人民政府）

吉林省出台扶优做强种业企业政策

2022年7月，吉林省印发《吉林省人民政府办公厅关于扶优做强种业企业政策措施的意见》（以下简称《意见》），提出到2025年，种业类型企业发展水平整体提升，“领头羊”企业作用进一步凸显，科企深度融合，商业化育种体系高效运转，自主创新能力、产业主导能力得到加强，力争1~2家种业企业综合实力进入全国10强，3~5家进入全国50强，育成具有自主知识产权的突破性农作物新品种50个。

《意见》围绕吉林种业企业发展实际，提出了壮大种业企业发展规模、加快种业企业自主创新、强化财政金融支持、加强人才支撑、净化种子市场、强化组织保障等6方面19条具体支持政策举措。通过19条政策举措，引导资源、技术、人才和资本等要素集聚，扶优做强吉林省具备自主创新能力和市场竞争力的“领头羊”种业企业，培育具有差异化竞争优势、专业化特色的种业企业，加快推进种业振兴。

《意见》本着“利长远、有实招、能落地”的原则，符合吉林省种业实际，具有以下3个特色亮点。

一是突出重点品种、重点领域、重点环节，分别筛选出优势企业，给予分类指导、精准扶持、梯度培育。

二是鼓励种业企业通过兼并重组、科企合作、挂牌上市，引导资源、技术、人才、资本等要素向重点优势企业集聚，形成齐抓共管、合力推进的工作局面，提升种业企业竞争力。

三是加强种业知识产权保护，综合运用法律、经济、技术、行政等手段，实施全链条全流程严格监管，净化种业市场，为企业加快培育突破性新品种营造良好环境。

（来源：吉林省人民政府）

甘肃省全面实施种业振兴五大行动

2022年4月，甘肃省印发《中共甘肃省委甘肃省人民政府关于做好二〇二二年全面推进乡村振兴重点工作的实施意见》（以下简称《意见》）。《意见》要求，要全面实施种业振兴五大行动，坚决打好种业翻身仗，加快由种业大省向种业强省转变。

一是实施种质资源保护利用行动。完成农业种质资源年度普查任务，加快农作物种质资源库（圃）和畜禽种质资源场（区）建设，开展种质资源鉴定、评价和利用，挖掘创制一批抗旱抗寒抗病、优质高产的种质资源和基因资源。

二是实施种业创新攻关行动。推进肉羊、肉牛、玉米、马铃薯、蔬菜等生物育种，实行“揭榜挂帅”，建立政产学研用联动机制，按照储备一批、启动一批、鉴定验收一批的推进路径，力争2022年育成“平凉红牛”“河西肉牛”“天华美利奴肉羊”“定西马铃薯种薯”等新品种（品系），积极培育高产优质、籽粒机收的突破性玉米品种和粮饲兼用青贮玉米新品种。

三是实施种业基地提升行动。坚持育繁推一体化，抓好振兴河西国家玉米制种基地建设，新建和提升玉米制种基地20万亩、马铃薯良种基地30万亩，建设5万亩高标准瓜菜制种基地。继续落实制种大县奖励政策，积极争取增加国家级制种大县和良种繁育基地县，积极推广生猪三元杂交、牛冻配改良、肉羊三级二元杂交模式，加快畜禽良繁基地建设步伐。

四是实施种业企业扶优行动。以建设具有较强竞争力的育繁推一体化种业集团为目标，推进优势企业和优质基地相结合，通过贷款贴息等方式，支持优势种业企业承担种业科技攻关和国家种子基地、现代种业产业园、现代种业提升工程等项目建设。加大种业品牌培育推广力度，扩大影响力和覆盖面。

五是实施种业市场净化行动。贯彻落实《中华人民共和国种子法》等法律法规，实行实质性派生品种制度，强化种业知识产权保护，加强冻精等畜禽遗传物质监管，依法严厉打击套牌侵权等违法犯罪行为。

（来源：甘肃省农业农村厅）

贵州省印发“十四五”农业种业发展规划

2022年4月，贵州省农业农村厅、发展和改革委员会联合印发《贵州省

“十四五”农业种业发展规划》（以下简称《规划》）。《规划》立足贵州资源禀赋和区域优势，结合新时期粮食安全和特色优势产业生产力规划布局，紧扣种业创新和良种供给，实施种质资源保护利用、种业创新攻关、种业企业扶优、种业基地提升和种业市场净化五大行动，形成贵州种业发展新格局。主要做好 5 项任务。

一是加强种质资源保护利用。加快种质资源普查与收集保存，强化资源鉴定评价与基因挖掘，全面提升种质资源保存能力，建立健全种质资源保护利用体系。

二是强化种业科技创新。深入实施良种联合攻关，加快关键技术创新应用，实施科技创新农业生物育种重大项目，积极推进多方合作交流，加快种业科技成果推广应用，高质量打造南繁育种创新平台。

三是培育壮大种业企业主体。加大企业研发投入，扶持优势企业发展壮大，建立健全商业化育种体系。

四是推进现代种业基地建设。强化良种繁育基地建设，健全良种供应应急保障体系。

五是构建种业支撑体系。加强品种测试、展示示范体系建设，优化品种区试审定管理，强化知识产权保护，完善种子质量检验体系，健全种业市场监管体系。

（来源：贵州省农业农村厅）

贵州省印发 2022 种业发展工作要点

2022 年 4 月，贵州省农业农村厅办公室印发《2022 年全省种业发展工作要点》，提出要紧紧围绕保障粮食安全和重要农产品有效供给，加快实施种业振兴行动，筑牢发展现代山地特色高效农业的种业根基。

一是着力筑牢种质资源基础。加快推进资源普查收集，压实资源保护主体责任，推进地方资源开发利用。

二是持续推进种业创新攻关。持续实施育种联合攻关，加快科技成果推广应用。

三是扶持种业企业发展壮大。强化企业创新主体地位，做大做强种业品牌优势。

四是全面加强种业基地建设。推进贵州南繁基地建设，推进农作物制种基地建设，推进畜禽良种繁育基地建设，扎实做好种子储备调用。

五是持续净化种业市场环境。加强普法宣传，强化品种管理，加强市场监督，加大执法力度。

（来源：贵州省农业农村厅）

上海市制定种业振兴路线图

2022 年 8 月 27 日，上海市人大常委会通过《上海市乡村振兴促进条例》（以下简称《条例》），其中，第二十二条对种业振兴提出明确要求。

《条例》规定，市、相关区人民政府应当组织制定并实施种业发展规划，加强种质资源库和良种繁育基地建设，强化种质资源保护和利用，提升种业科技创新能力，完善种业发展激励机制，加强育种领域的知识产权保护，打造具有自主知识产权和国际竞争力的种业企业，促进种业高质量发展。

农业农村部门应当会同规划资源等部门制定和完善扶持种业发展政策措施，推动设施农业用地向种源设施建设倾斜，建设用地指标优先支持研发型种业企业和种业科研机构；建立完善良种选育、繁育、推广体系，推进商业化育种，重点发展优势特色品种，强化种业市场监管，规范种业发展。支持高等院校、科研机构和企业推进种业关键核心技术攻关和生物育种产业化应用，为种业创新发展提供基础性、前沿性和应用技术型研究和保障。

（来源：上海市人民政府）

新疆维吾尔自治区实施七大现代种业发展新项目

2022 年 3 月 14 日，新疆维吾尔自治区农业农村厅印发《2022 年自治区现代种业发展项目实施方案》（以下简称《方案》），提出到 2025 年，农作物种质资源保护利用体系基本建立，种质资源精准鉴定加快推进，种源关键核心技术攻关和育种联合攻关取得新进展，初步打造一批有较强竞争力的优势种业龙头企业，使国家级、自治区级农作物制种基地供种保障率达到80%以上。

《方案》确定了七大类种业发展新项目，分别是自治区农作物种质资源鉴定与评价项目、农作物育种联合攻关项目、主要农作物品种区域试验及品种检测项目、商业化育种建设项目、自治区制种大县建设项目、地州种子质量检测分中心建设项目、自治区“4个百万亩”制种基地建设管理平台（二期）项目。项目主要着眼于提升农作物种质资源保护开发利用能力、育种创新能力、种业基地建设水平、种子质量检测能力、制种基地信息化管理能力，并对扶持优势种业企业发展进行了安排。

（来源：新疆维吾尔自治区人民政府）

产业发展

美国2021年牛冻精全球总销量再创新高

美国动物育种者协会（NAAB）2022年5月3日报告称，虽然新冠肺炎使全球乳制品产业供应链从生产到零售环节都面临挑战，但美国牛冻精行业销售再创新高，2021年所有类别的产品总数量达到7 200万剂。这一数字超过了此前在2020年创下的纪录，增加了300万剂，全年增长4%。NAAB成员向全球100多个国家销售动物冻精，其奶牛和肉牛冻精销售量约占全美总销售量的95%。尽管国际旅行受限、燃料价格不断上涨对销售推广、生产成本等产生不利影响，但全球对美国遗传材料的需求仍在继续扩大，美国奶牛和肉牛冻精的出口量不断创下新高。其中，奶牛精液出口超过3 050万剂，增长120万剂，比2020年增长4%；牛肉精液出口量达到830万剂，增长17%。此外，2021年，美国动物遗传材料的主要出口市场发生了变化，中国取代巴西成为第一大市场，英国取代俄罗斯排在第三位。

（来源：美国动物育种者协会）

2021年中国上市种企销售业绩向好

中国种业上市公司2021年财报显示，各大种业公司业绩向好，中国种业呈快速发展趋势。其中，合肥丰乐种业股份有限公司实现营业收入26.17亿元，同比增长6.54%，公司种业实现营业收入4.45亿元，较上年同期增长15.95%；中农发种业集团股份有限公司实现营业收入37.64亿元，净利润3 631万元，其中，种子业务营业收入达8.78亿元，同比增长42%；山东登海种业股份有限公司实现营业收入约11.01亿元，同比增长22%，净利润约2.33亿元，同比增长128%；安徽荃银高科种业股份有限公司实现营业收入25.21亿元，同比增长57.38%，净利润达1.69亿元，同比增长26.68%；江苏省农垦农业发展股份有限公司实现营业收入106.4亿元，同比增长23.43%，净利润7.37亿元，同比增长10.06%。

2021年各大种企业绩向好主要得益于全国玉米产业的整合、商品粮价格上涨、农民种粮积极性提高以及杂交水稻、杂交玉米等品种表现良好等因素。

根据国信证券股份有限公司（国有金融服务公司）的分析，预计2022年玉米、小麦等粮食价格将继续保持高位，未来2~3年种业市场形势向好，在高粮价的刺激下，农民对品牌种子的需求有望增加。该机构还认为，当转基因作物在中国的种植最终获批后，该行业的准入门槛将进一步提高。龙头企业的市场份额将迎来3年左右的黄金发展期，增长迅速。

（来源：Agropages）

国际种子处理市场企业动态

据全球市场研究机构MarketsandMarkets报告，截至2020年，全球种子加工市场规模达67亿美元，年增长率在10%~12%。北美洲在全球种子保护市场中占主导地位，市场体量约为39%。有机耕作的植物提取物和油基种子处理、非生物威胁的种子处理以及种子处理中的控释技术是北美市场增长的关键；就数量和价值而言，亚太地区增长最快，被视为未来几年种子处理市场的关键增长部分。从作物种类来看，玉米是全球种子处理市场的最大细分市场，而油籽在种子处理市场的年增长率最高。全球种子处理市场的主要参与者包括先正达、拜耳、巴斯夫、FMC、Nufarm、UPL等跨国企业。

近2年来，农化企业对于区域市场的扩展以及业务范围的创新主要是通过企业之间的合作与并购。2021年4月，富美实与先正达达成分销协议，在加拿大商业化其生物种子处理产品。5月，Eden与科迪华就其首个种子处理产品签署了独家商业化、供应和分销协议。7月，索尔维完成了对拜耳全球种子包衣剂业务的收购。

除了企业之间的合作与收购外，各大跨国企业对于种子处理产品的研发与登记强度也与日俱增。2021年6月，先正达在中美洲推出新型玉米种子处理剂Fortenza Maxx。10月，Tradecorp公司推出了Cash coat谷物种子。

跨国企业产品的研发与推广离不开其投资力度。阿根廷公司Rizobacter于2020年底对公司的新技术研发进行了重大投资，扩大其在生物种子处理市场的影响。2022年初，科迪华在法国西南部开设了一个新的种子应用技术中心（CSAT）——Aussonne中心，专注于农业科技的投资与服务发展，同时充当实验室、测试中心和种子处理工厂，为种子应用技术的发现、配制和实际测试制定严格的流程。

（来源：Agropages）

种子处理市场发展趋势及展望

全球市场研究和咨询公司 MarketsandMarkets 近期的数据显示，种子处理市场增长速度显著，全球种子处理市场预计将从 2022 年的 61 亿美元增长到 2027 年的 92 亿美元，在未来 5 年将以 8.3%的年均复合增长率增长。

技术创新和以消费者需求为导向将成为种子处理市场新的发展趋势。首先，技术变革、农艺学发展和社会变迁正在重塑种子处理行业以及价值链利益相关者（配方商、制造商、贸易公司、分销商、零售商和进出口公司）的未来前景，先进的图像、人工智能和传感技术等科技力量将有助优化种子处理技术。其次，消费者需求成为重要关注点，消费者对可持续采购的需求不断增加，对非转基因、有机产品的需求升温，对无机农产品的需求降低。

可生物降解种子处理解决方案将占据种子处理市场的主导地位。一方面，随着化石聚合物中提取的聚合物基涂层在种子上的广泛使用，对环境的不利影响逐渐受到关注，种子改良公司已将其作为主攻方向，制定可持续生产的解决方案，预计可生物降解的种子包衣剂将在未来几年占据主要市场份额。可生物降解种子包衣剂在其他领域（如食品饮料和医药）的应用，也增加了市场对可生物降解种子包衣剂的需求。另一方面，微塑料颗粒的使用对环境和人类健康构成严重威胁。欧洲化学品管理局（ECHA）已限制添加到商品中的含氧塑料或微塑料颗粒的使用。

（来源：Agropages）

科迪华与 NEVONEX 合作探索先进数字化作物保护应用

科迪华宣布与农业数字服务生态系统供应商 NEVONEX 合作，利用农场数据、先进分析和喷雾设备探索作物保护产品的精准应用。项目旨在通过使用标准机器喷雾技术实现数据驱动的作物保护应用，为农民创造价值。通过将数据、数字系统与农场设备连接，并将智能设备与特定农场的实时数据分析相结合，科迪华可为某项操作提供详细的作物保护方案，用以优化每一笔投资，并且能可持续地实现产量和生产力目标。

NEVONEX由博世公司提供技术支持，提供了“端到端”的基础设施和管理框架，可与各种农业机械进行接口访问。通过智能数字农业，农民将从更高的产量潜力、优化的操作流程以及适当使用作物保护、种子和肥料产品中受益，并能够保护环境资源。

（来源：SeedQuest）

科迪华推出首款生物刺激素产品

科迪华首款生物刺激素产品杰伴正式上市。该产品源自于高活性的北大西洋泡叶藻的液体提取物，能够广泛应用于各种作物，帮助作物抵抗各种逆境，主要功效如下。

1. 促进作物根系生长。该产品可以调动植物内在关键基因表达活性变化，保持内源激素活跃水平，促进根系生长，保持细胞活力，延缓植株衰老。

2. 促进营养元素吸收。该产品内含天然螯合物质，对作物体内转运困难的矿质营养元素有显著的促进作用。

3. 改善作物抵抗逆境胁迫的能力。水分胁迫下，该产品能帮助植物在最佳的条件下打开气孔，在水分胁迫下关闭气孔，提高水分保持能力；盐害胁迫下，能使植物减少对钠的吸收，将钠保持在根部，保持叶片和关键器官的生长，以维持产量；低温胁迫下，能帮助植物细胞保持正常结构，保持旺盛的生长活力，即使在−5.5～−4℃也能保持作物较高的存活率。

（来源：Agropages）

俄罗斯将建立新的肉鸡育种中心以减少进口依赖

俄罗斯计划在莫斯科州建立一个专注于Smena-9肉鸡杂交品种的新育种

中心，以减轻其肉鸡业对进口种质的依赖。2022 年 2 月，俄罗斯农业部提出到 2025 年用 Smena-9 杂交品种替代 10%~15%进口肉鸡种质的目标。在西方制裁下，俄罗斯家禽业在 3 月已开始出现孵化蛋短缺的问题。Smena-9 的生产性能接近国际杂交品种。俄罗斯将对该计划投入 45 亿卢布（约 4 907 万美元），育种中心预计在 2 年内完成建造。

然而，俄罗斯农场在转型生产新的杂交品种的同时，也面临新的问题和挑战。农场员工需要接受培训才能生产新的杂交品种。外国杂交品种供应商为其客户提供了大量培训材料和饲养指南，而俄罗斯的品种供应商也需要组织开展类似的工作。

目前，市场形势较为明朗，莫斯科、下诺夫哥罗德、车里雅宾斯克州和乌拉尔的家禽养殖场已经表示拟采购该杂交品种，首批合同正在签署中。俄罗斯农业部还考虑向白俄罗斯、哈萨克斯坦、乌兹别克斯坦和吉尔吉斯斯坦出口俄罗斯生产的肉鸡种鸡、孵化蛋等种质。

（来源：Poultry World）

Cibus 利用快速性状开发系统加速新品种开发和商业化

Cibus 是一家美国植物基因编辑领域领先的农业生物技术公司，其核心技术——RTDS 快速性状开发系统（Rapid Trait Development System），是以寡核苷酸定向诱变（ODM）技术为核心的基因编辑育种平台，该平台为 Cibus 专有的基因修复寡核苷酸（GRON）与广泛的核酸酶组合的集成，目前共计有 300 多项专利。

利用 RTDS 对植物基因组特定基因位点实施精准基因编辑，能够更高效地开发有益新性状，育种过程具有准确性、速度和成本等方面的优势，且性状开发过程不引入外来遗传物质。

在商业化方面，目前，Cibus 主要以种质 IP 授权为主，主要收入来源于 Cibus 性状产品的种质 IP 授权。基于公司的商业模式，Cibus 已与 Valley Oils Partners、GDM 等食品、油料开发销售公司、种子公司达成商业合作关系，授权其独有的油菜、大豆等作物改良品种。

Cibus 在其作物特异性细胞生物学平台上进行业务运营，该平台与 RTDS

系统紧密结合。对于平台构建，一方面，Cibus 正在为 5 种大面积种植的油料和谷类作物（大豆、油菜、水稻、玉米和小麦）构建作物特定的 RTDS 技术平台；另一方面，Cibus 还为每个主要作物的重要性状（如病害、杂草、害虫和氮利用效率）构建性状特定的 RTDS 技术平台。截至目前，Cibus 已经成功构建了针对油菜和水稻的作物平台，尚处于建设阶段的有大豆、小麦和玉米的作物平台。公司预计于 2022 年底完成大豆作物平台构建，2023 年和 2025 年分别完成小麦和玉米作物平台构建。

此外，Cibus 将针对特定性状逐步构建耐除草剂、抗虫（线虫）、抗病害、提升氮利用率以及其他农艺性状（主要为植物结构或生理的弱点）的平台。

（来源：Agropages）

首个大豆性状堆叠品种将推向美加市场

科迪华、巴斯夫和 MS Technologies 达成一项互利性状许可协议，准备将具有抗线虫（NRS）性状的 Enlist E3 大豆新品种推向美国和加拿大市场。根据该协议，科迪华和 MS Technologies 将 Enlist E3 大豆性状授权给巴斯夫，以供后者用于其 NRS 性状种质开发；巴斯夫将其 NRS 性状授权给科迪华和 MS Technologies 用于开发 Enlist E3 大豆。3 家公司将对含 NRS 性状的 Enlist E3 大豆进行品种商业化，在此之前尚需要通过相关监管审查并完成田间试验。

NRS 性状将对大豆中的线虫（包括大豆孢囊线虫）产生抵御效果。大豆孢囊线虫是北美洲常见的寄生虫，每年给美国农民造成的经济损失超过 10 亿美元。NRS 性状的产量表现优于目前行业标准的原生 SCN 抗性性状（包括 PI88788 和 Peking），还能抵御北美以外的线虫物种，如根腐线虫。研究人员表示，该抗线虫大豆性状将是第一个为控制线虫而开发的商业化生物技术性状。试验证明，具有这种性状的品种比目前的抗大豆孢囊线虫品种平均增产 8%。

（来源：巴斯夫）

丹麦增加研发力度提高仔猪存活率

2021 年，丹麦农业和食品委员会（Danish Agriculture & Food Council）丹麦猪研究中心 40%的研发团队对提高仔猪存活率进行了研究，以确保养猪生产者的高经济回报。主要工作进展如下。

1. 设立新的选育目标。选育分娩后第 5 天的活仔数（LP5）、育种和繁殖群体的仔猪存活率得到大幅提升，育成猪性状也得到较大改善。

2. 提高 LP5 的体重标准。DanBred（丹麦国际育种公司）在 2021 年春季将 LP5 仔猪的体重标准提高了 33%，体重标准的修正将有助于提升仔猪存活率。

3. 对仔猪存活率进行研究。统计模型中，LP5 的仔猪数量不同，需要进行产仔数和仔猪存活率的研究，制定提高育种存活率的方案。

4. 开发了一个重要的模拟工具。该工具可用于模拟整个育种系统，帮助育种者了解育种系统如何对选育中获得的新性状作出反应。

（来源：Pig Progress）

NAPIGEN 公司推进线粒体和叶绿体基因编辑技术发展

美国生物技术公司 NAPIGEN 获得 785 万美元融资，用于将其线粒体基因编辑技术应用于小麦和水稻杂交种子的生产以及开发植物线粒体表达系统。NAPIGEN 主要从事植物、微生物和动物的新型基因组工程研究，现已开发出能够编辑线粒体和叶绿体基因组的专有基因编辑技术，并利用这项技术对酵母和藻类的细胞器 DNA 进行基因组编辑。虽然运用成熟的 CRISPR-Cas 系统能够实现对细胞核基因组的编辑，但在线粒体和叶绿体细胞器中，由于引导 RNA（gRNA）本身无法进入细胞器，因此，在编辑细胞器基因组 DNA 方面仍面临着巨大挑战。目前，NAPIGEN 已将其技术应用于水稻线粒体 DNA 基因编辑，并获得联合线粒体疾病基金会和 NIH-SBIR（美国国家卫生研究院小企业创新研究）计划的资助，进一步研究将该技术应用于人类线粒体 DNA 的基因编辑。

（来源：SeedQuest）

Pivot Bio 推出首个在种子上施用的微生物氮产品

2022年8月30日，美国工程固氮微生物研发商Pivot Bio宣布正式推出全新产品——PROVEN 40 On-Seed和RETURN On-Seed，该产品能够在种植过程中将微生物氮源和种子紧密结合。这是市场上首个施用于玉米、高粱和春小麦等作物种子的产氮微生物产品，该产品可以附着在作物根部，在作物的整个生长周期为其提供高效、可靠的氮源，不会因浸出、反硝化作用或挥发而损失，从而提高作物的生产潜能。

Pivot Bio最近对130万英亩农田进行了产品性能的测量和验证，结果表明，与未经处理的植物相比，使用Pivot Bio微生物产品的植物氮含量增加了14%、植物生物量增加了12%。PROVEN 40 On-Seed（OS）和RETURN On-Seed Pivot Bio目前的盈利已超过5 000万美元。

（来源：PIVOT BIO）

拜耳与美国普渡农业公司达成再生农业合作意向

拜耳（Bayer）与美国普渡农业公司（Perdue AgriBusiness，以下简称Perdue）达成再生农业合作意向。该合作项目旨在推动再生农业生产，大规模减少农业碳排放，该项目是拜耳ForGround平台下首个农业食品价值链企业对企业合作项目。ForGround将为Perdue提供一个先进的平台，帮助各种规模的农场过渡到再生农业生产模式，衡量、跟踪和激励农民采用更可持续的做法，帮助Perdue的上游价值链减碳。

该项目的重点是招募向普渡供应玉米或大豆的农民，通过了解农民谷物生产的碳足迹，采用可再生农业技术，降低谷物生产所产生的碳排放，提高用谷物生产食材和食品的可持续性。这项合作将基于Perdue的大型商品采购网络，预计每年将从大气中吸收超过100万吨的二氧化碳，并将其封存在地下。这将抵消生产超过 45 万吨磅鸡肉所排放的温室气体，相当于约 20 万辆汽车的排放量。

（来源：Agropages）

拜耳提出应对粮食安全和气候变化挑战的解决方案

2022 年 10 月 17 日，在德国耘远农场（Bayer ForwardFarm）举办的“农田机会”（Fields of Opportunity）活动中，拜耳提出了应对粮食安全和气候变化挑战的农业解决方案。该方案支持将创新产品和数字技术与碳农业、低耕、覆盖作物和生物多样性保护相结合，并重点关注以下五方面。

1. 杂交小麦。拜耳的愿景是在 10 年内将小麦变成世界上产量最大的作物。基因组技术的进步将有助开发出极具竞争力的杂交小麦品种，以获得更高的产量并保持产量稳定。在全球种植小麦的 2. 25 亿公顷土地中，将有很大一部分适合种植新型杂交小麦。

2. 碳农业。拜耳将展示少耕农业和覆盖作物如何帮助改善土壤健康和减少土壤侵蚀。作为额外收益，通过补偿农民的低碳农业活动，并把他们连接到全球碳市场，拜耳的碳倡议为农民开辟了新的收入来源。

3. 作为拜耳领先的数字农业平台，FieldView 为世界各地的种植者提供从卫星、田间传感器和智能联合收割机采集的数据和建议，从而使之更有效地管理农田。目前已应用于全球 23 个国家的约 8 000 万公顷土地。对于不同规模和地区的农民来说，运用 FieldView 意味着用更少的投入生产更多的产品。此外，它还可通过最大限度地提高农业效率来减少碳排放。

4. 作物保护在确保世界各地收成和在较少土地上获得较高产量方面发挥着至关重要的作用。拜耳正致力于通过数字化的精确应用和更有利环境的新作物保护产品来减少农业对环境的影响，其中就包括生物作物保护。同时，拜耳一直致力于开发氮肥可持续替代品。

5. 生物多样性。在更少的土地上生产更多的粮食，是促进生物多样性的最重要杠杆之一，因为多样性需要留下更多的非耕种空间。FieldView 这样的数字技术有助于确定田间低产区域，可以将这些区域（如花带）用于维护生物多样性活动。同时，必须通过创新和有针对性的产品与更精确的应用相结合，减少作物保护对环境的影响。

（来源：拜耳）

拜耳领投农业食品技术公司 NuCicer

农业食品技术公司 NuCicer 宣布完成种子轮融资。此次融资由拜耳公司投资部门“拜耳飞跃计划”（Leaps by Bayer）领投，计划将鹰嘴豆蛋白质含量提高 75%，成本降低 50%，并于 2023 年推向市场。

NuCicer 以机器学习和基因组引导育种平台为核心，致力于通过增加鹰嘴豆的蛋白质含量来彻底改变植物蛋白行业，以降低生产成本并满足消费者需求。NuCicer 庞大的种质资源库拥有比商业品种多 40 倍的遗传多样性，通过杂交育种技术将野生鹰嘴豆基因与优良品种的基因相结合，能够创造出更具理想性状的鹰嘴豆品种。

从长远来看，全球粮食系统的稳定取决于提高作物的气候适应能力。鹰嘴豆具有多种气候适应性状，包括高效的水分利用率和固氮能力。NuCicer 的基因组引导育种平台能够发现关键性状的遗传控制，从而进一步增强对高温、干旱、酸性土壤和病害的耐受性，以提高气候适应能力。

（来源：Agropages）

拜耳收购德国生物科技初创公司 Targenomix

2022 年 11 月 10 日，拜耳宣布收购德国生物科技初创公司 Targenomix。该公司是 Max Planck 分子植物生理学研究所（MPI MPP）的衍生公司，通过利用新型系统生物学和计算生命科学工具，识别植保化合物的新型作用模式。报道指出，Targenomix 的专业知识、研发人员和技术平台将帮助拜耳设计安全有效的化合物分子，并加速有潜力分子的开发进程。尽管面临气候变化、杂草、病害和昆虫抗性增强等挑战，Targenomix 的研究成果仍将使农业生产具有可持续性。

拜耳和 Targenomix 自 2014 年以来一直保持合作，在合作基础上，发现并开发了业界首个用于大面积杂草控制的新型出苗后除草剂作用模式（MOA）。该分子已被证明可有效控制关键抗性杂草，并有望在未来十年实现商业化。

（来源：拜耳）

拜耳将推出首个针对农业的数字碳足迹测量解决方案

拜耳、谷物交易初创公司 Bushel 与亚马逊云 AWS 联手推出了基于数据的碳测量工具——Carbonview。Carbonview 项目建立在亚马逊云 AWS 上，依托拜耳 Climate FieldView 整理从农场获得的数据，收集谷物交易平台 Bushel 近 5.4 万名用户创造的物流和运输数据，由此帮助农民更好地评估农产品在整个供应链上的碳足迹。从短期来看，该项目可以培养农户的低碳意识；从长期来看，则有利于应对气候变化，推动农业可持续发展。由此也可见，拜耳已通过合作大举开展农业数字化创新。

（来源：拜耳）

先正达中国市场业务发展动向

2022 年 9 月 21 日，世界农化网报道了先正达在华蔬菜种业战略和销售方面的发展动向。先正达在中国蔬菜种子市场的业务发展比较均衡，推广的品种包括甜玉米、西瓜、番茄、甜椒、羽衣甘蓝、西蓝花、菠菜等。

公司预期中国蔬菜的整体种植面积不会明显增加，但种植方式会发生很大变化，而随着种子质量、病虫害防治方法和栽培技术的提高，产量的提高将导致单一蔬菜品种商品化种子数量减少。因此，先正达将进一步丰富蔬菜品种，提升优质高价值蔬菜作物品种的比例。

未来，国产种子与进口种子的竞争将愈发激烈。目前，跨国种企的技术实力稳定，并主要覆盖高价值种子市场，而国内种企对当地市场更加熟悉，具有本土优势。先正达得益于中化集团的优势，既有强大的全球育种资源，也有本土化渠道和网络，先正达将针对中国这个关键的战略市场设立专门的蔬菜品种。

先正达中国还将其蔬菜业务与现代农业技术服务平台（Modern Agriculture Platform，MAP）和数字农业进行整合，联合产业链合作伙伴，打造从种子到餐桌的全产业链条。目前，先正达主要选择了几款具有特殊性和潜在价值的产品来实践，并与种植者、生鲜果蔬经销商和零售商合作，打造端—端闭环链条。先正达与迪士尼合作，为蔬菜品种创建IP形象，下一步，还将推出更多创新品种丰富这种模式。

（来源：Agropages）

美国农业部发布2023中国家禽及产品展望报告

2022年9月16日，美国农业部海外农业局发布了2023中国家禽及产品展望报告。报告从产量、消费、进口和出口等4个方面对2023年中国家禽及产品情况作出了预测。

1. 产量

2023年，中国家禽产量预计将保持稳定，为1 430万吨。随着消费者更倾向于多样化的蛋白质膳食结构，对白羽肉鸡产品的需求将进一步增加，并推动产量的提高。而黄羽肉鸡产品由于受到价格过高和限制购买活禽政策的影响，产量预计将下降。

2. 消费

2023年，中国对家禽产品特别是白羽肉鸡产品的需求预计将增加到1 447.5万吨，比2022年增加1%。家禽产品的价格也将相对稳定。加工技术的改善和“即用、即煮和即食”产品正赢得消费者对家禽产品的青睐。

3. 进口

2023年，中国鸡肉（不包括鸡爪）进口预计将达到75万吨，但增长潜力可能受到全球高致病性禽流感暴发的影响。尽管3个自主培育白羽肉鸡新品种“圣泽901”“广明2号”“沃德188”已进入市场，但生产性能仍需时间检验，现阶段农民的养殖意愿仍不高。

鸡爪进口在过去5年中稳步增长。2022年1—7月，中国进口了约38.4万吨鸡爪。其中，从美国进口最多，为15.5万吨，其次是巴西（9.6万吨）和俄罗斯（约4.8万吨）。

4. 出口

2023年，随着国外的消费需求恢复正常，中国对日本等市场的家禽产品出口预计将增长5%，达到57.5万吨。欧盟、英国和东南亚等新兴市场有望成为新的消费增长点。香港预计仍将是中国新鲜（冷冻）鸡肉和加工鸡肉产品出口的最大市场。

（来源：美国农业部）

巴斯夫与科迪华达成互换大豆性状协议

据巴斯夫官网报道，该公司于2022年8月和科迪华宣布达成一项长期合作协议。该协议允许两家公司相互授权使用大豆性状，从而开发新型除草剂技术，增强全球71亿美元的大豆种子和性状市场以及50亿美元的大豆除草剂市场的占有率。科迪华计划将巴斯夫PPO（原卟啉原氧化酶）基因与其耐除草剂性状（包括科迪华独有的2,4-D胆碱基因）相结合，建立一个新的大豆性状库，并授权给巴斯夫使用。新性状库包括巴斯夫Liberty（草铵膦）、科迪华Enlist除草剂（采用Colex-D技术的2,4-D胆碱）和巴斯夫的PPO抑制剂类除草剂Kixor和Tirexor，以及巴斯夫正在开发的新型PPO抑制剂类除草剂。该性状库还将包括对草甘膦的耐受性。

（来源：巴斯夫）

巴斯夫与IUNU合作推进生菜数字表型分析

巴斯夫蔬菜种子事业部宣布与美国计算机视觉技术公司IUNU合作，共同推进数字表型分析，助力水培生菜育种。IUNU作为计算机视觉和人工智能软件提供商，将人工智能纳入商业温室和室内农场的检测系统，通过机器学习和计算机视觉技术，实现对个体植株健康状况大规模的跟踪和预测。该服务基于一款名为“LUNA”的人工智能系统（LUNA AI），它是由计算机视觉和人工智能软件组成的先进数字表型平台，可生成有关水培生菜生长模式和性状的数据，这将使巴斯夫能够选择合适的生菜品种进行改良和育种，从而帮助种植者提高和扩大生产规模。

巴斯夫认为，为提供高质量的种子并满足不断增长的需求，育种必须由数据驱动。此次合作是巴斯夫数字化战略的一部分，旨在通过与合作伙伴的合作来改善数据驱动的决策。通过开发和应用具有额外表型的算法，将帮助育种者提高育种预测能力，判断哪些品系在特定情况下表现最佳。

（来源：SeedQuest）

隆平高科为扩大巴西业务进军高粱市场

隆平高科表示已开始在巴西市场销售高粱种子，产品将在 Morgan 和 Forseed 品牌下进行销售。在 Morgan 品牌下，MG2220 杂交种已被添加到品牌的产品组合中，服务于已熟知这种创新技术的中高端投资市场的生产商。该种子具有出色的健康性和生产稳定性，是与中后期杂交种结合的理想选择，可以间隔种植和收割，能够抗倒伏，从而实现安全收获。在 Forseed 的产品组合中，FS66SG 杂交种突出了该品牌在结合技术与需求方面的专业性，确保了所有环境和地区下的稳定性和高产潜力，以及良好的叶面健康和抗倒伏性，是一种安全的响应管理技术的杂交种。

此外，隆平高科计划推出高粱许可项目，为代理商和经销商提供销售具有隆平高科优良种质资源产品的机会。被许可人将获得独家产品组合，每年可获得高粱杂交种。每个获许可产品的最低商业规划年限为 5 年。

（来源：Agropages）

三亚华大携手荷兰科因公司开展时空转录组学研究

三亚华大首次携手荷兰著名植物育种公司 KeyGene（科因公司），结合华大自主研发的时空转录组学 Stereo-Seq 的平台优势，在作物育种领域展开全面合作，致力于实现快速鉴定参与植物和病原体相互作用的重要基因。此举将有效推动开发新型和具有持久抗病性的作物品种，助力全球可持续粮食生产。

通过转录组技术进行基因表达分析被认为是功能分析和鉴定可能涉及重要作物性状的先导基因的最有效方法之一。三亚华大新一代时空组学测序技术 Stereo-seq 拥有“纳米级分辨率”和“厘米级全景视场”的技术优势。此次合作双方将围绕解码农艺相关基因、培育抗病虫新品种、可持续粮食生产展开深度合作。

（来源：Agropages）

未来食品产业十大发展趋势

农业及食品科技领域的主要投资机构之一——S2G Ventures 预测，全球正在进入粮食转型期，就像全球能源转型一样，这将是一个长达数十年、耗资超过 4 万亿美元的资本形成过程。在其《2022 年塑造食品未来的十大趋势》的报告中，探讨了向气候智能型、健康的食品体系过渡的趋势。这些趋势可分为 3 类。

1. 应对第四次工业革命的到来

当前，美国农民面临的挑战虽然给经营带来压力，但是也为创新和采用新技术创造了条件。

（1）机器人将提高生产效率，同时降低整个食品系统的劳动力需求。

（2）ESG（一种关注企业环境、社会、治理绩效而非财务绩效的投资理念和企业评价标准）的兴起将有助于农场的数字化建设。

（3）金融科技将成为农业的机遇，就像其在对学生贷款和抵押贷款市场方面产生的有利影响。

（4）在 Covid-19 期间拯救生命的 RNA 技术将被应用到农场以保护土壤。

2. 应对供应链的中断

过去两年经历的供应链中断，使人们迫切需要制定解决方案，使供应链更加灵活、可持续、本地化和减少浪费。

（1）发酵技术将为下一代替代蛋白质产品提供重要发展动力。

（2）细胞蛋白将为世界各地的消费者提供安全、可持续的食品。

（3）采用食物垃圾解决方案将被视为良好的商业行为，这种方案也成为为全世界提供食物的重要工具。

3. 满足消费者更好的食物选择和体验

为解决国家健康标准下降的问题以及消费者对更全面饮食的需求，食品和营养初创公司正在利用尖端科技以及人工智能和机器学习来开发营养密集、功能性和个性化的食品。

（1）人们将通过人工智能和机器学习平台开启对植物和真菌的深入学习和利用。

（2）食物将成为预防慢性疾病和改善健康状况的核心因素。

（3）食品品牌和杂货商将不得不进行“个性化”发展，否则将泯于时代。

（来源：SeedQuest）

ADM发布未来替代蛋白质市场七大新兴趋势

2022年2月8日，美国ADM（Archer Daniels Midland，全球最大农业加工商和食品配料供应商之一）发布了替代蛋白质行业展望，揭示了未来替代蛋白质市场的七大新兴趋势，预计到2030年市值将攀升至1 250亿美元。

1. 开拓新型蛋白质来源

基于细胞（由培养动物细胞制成）的解决方案正逐渐成为行业主流，此外，业内人士正在探索来自火山灰、海藻、昆虫、真菌等新型蛋白质来源。

2. 关注发酵服务

微生物发酵作为一种开发替代蛋白质产品的新方法，受到越来越多的关注。拥有高发酵生产能力和技术水平的跨国企业正在利用下游加工、实验室服务和咨询等方式为食品、饮料和保健品牌提供服务。

3. 关注下一代植物性全肌肉解决方案

全肌肉、植物性人造肉，如鸡胸肉替代品，正越来越多地出现在世界各地的货架上。新的技术方法被用于复制各种动物性全肌肉（丁骨牛排、贝类）的切割纹理。

4. 食物供应链中的创新和透明度

随着对气候变化担忧的持续增长，消费者要求现有食物系统具有更大的可持续性。这促使许多人寻找植物性解决方案的品牌和产品，认为这类产品既环保又符合伦理道德。

5. 细胞培养肉类产品价格的平价化

降低细胞培养肉的生产成本，使其在价格上具有更强的竞争力，是行业发展趋势。在不久的将来，细胞培养肉产品的价格将更加亲民。

6. 开发适合儿童的产品

具有适合儿童口味、颜色和形式的新产品正成为各品牌关注的焦点，这些品牌希望吸引不同年龄阶段的弹性素食主义的父母和孩子。

7. 以植物为基础的传统正宗美食

为满足消费者对传统菜肴的需求，各品牌正在探索能够提供地域特色和吸引力的解决方案。通过推出具有全球化口味、质地和产品形式的各种新产品，各品牌正致力于提供一系列美味、令人满意的人造肉食品。

（来源：ADM）

加拿大 PIC 新项目推动植物奶酪市场发展

加拿大蛋白质工业公司（PIC）与 Lumi 食品公司、Winecrush 技术公司和 Save-on-Foods 公司合作，开发一种由加拿大本地种植作物（燕麦、豆类和豆类）制成的新型植物奶酪产品。为了确保植物基奶酪能够在更长时间内保持稳定的货架寿命，技术人员已对产品的膳食纤维和不饱和脂肪酸进行成分测试，以延长产品的货架期。此外，产品开发团队将与艾伯塔大学合作，重点研究可以用于植物性奶酪制作的微生物菌株。该项目总投资金额为 1 080 万美元，将推动加拿大植物奶酪市场的发展，加强加拿大植物奶酪行业的整体实力。该产品开发完成后将在加拿大各地的 Save-on-Foods 零售门店进行销售。

（来源：Food in Canada）

韩国“智能农场”初创公司获巨额融资瞄准全球扩张

新兴食品科技和农业科技网（AFN）1 月 21 日讯，韩国农业科技初创公司 GreenLabs（2017 年成立）刚获得高达 1.4 亿美元 C 轮融资，这笔融资将用于 GreenLabs 的全球扩张战略。该公司的技术主要靶向农业经营的两大领域：生产和分销。

生产方面，其 Farm Morning 应用程序能够集成不同技术，允许农民通过单个移动应用程序进行远程管理。农民可以使用该软件通过传感器实时监测湿度和温度等因素。该应用程序还为种植者提供所在地区天气状况、农艺建议和新鲜农产品当前市场价格的信息。该系统的人工智能部分可使用从传感器和应用程序收集的数据自动执行任务，如打开和关闭温室屋顶和门，或根据不断变化的气候条件调整加热和冷却系统。

分销方面，GreenLabs 的在线平台 Sinsun Market 帮助种植者更有效地向企业买家和终端消费者销售他们的农产品，提高农民收入。

远景规划方面，该公司已经进入中国和越南，草莓和人参种植者已使用该公司技术。在其他市场，GreenLabs 将寻求与当地企业建立战略合作伙伴关系，逐步进行全球市场布局。

（来源：Agfunder）

加拿大投资全球首个自主农业交互式规划软件

加拿大数字技术超级集群（Canada's Digital Technology Supercluster）于 2022 年 2 月 15 日宣布，将投资全球首个自主农业的交互式操作规划软件。所投资的项目名为“自主农业标准数据平台”（Standard Data Platform for Autonomous Agriculture），项目重点是将数字技术和自动化引入农场，帮助农民提高效率，增加产量，降低成本，并对环境产生积极影响。项目总投资额为 1 081 万美元。

加拿大数字技术超级集群是加拿大联邦政府通过科技创新计划（“创新超级集群”项目）选定和资助，由各类企业、跨国组织、学术研究机构和其他非营利团体等联合建立的非营利超级集团，旨在利用大数据和数字技术促进农业、林业、医疗和制造业等主要行业的发展。所关注的领域包括：虚拟、混合和增强现实、数据收集和分析、量子计算等。

“自主农业标准数据平台”项目将由 Verge AG 公司牵头，与其他几家公司和 Simon Fraser 大学合作，利用数字孪生技术（digital twin），支持农场的运营规划和决策。该平台将利用新的数据来源帮助农民获取他们的田地、作物、土壤和环境因素数据，并将其与农场历史数据相结合，以优化规划，降低管理成本并提高利润率。

（来源：Canada's Digital Technology Supercluster）

英国企业获资助开发精准畜群监测工具

英国 Antler 生物科学公司的创新项目于近期获得了“英国智慧创新基金”（Innovate UK Smart）的资助。该项目旨在帮助英国奶农利用表观基因组学和数据分析提升奶牛群的生产力、健康水平和可持续性。该项目为期 18 个月，总预算约 450 万元。

目前，Antler 正在开发乳业人工智能平台，平台建成后将为奶农提供可能受环境因素影响的特定基因的重要信息。该平台将对牛群中的基因表达进行监测，奶农可依据平台获取的遗传数据，对饲料或养殖环境等可控因素进行调整或改变，进而提高牛群的生产力。

该项目的成果将包括：技术成熟度等级为 TRL6 的精准畜群筛查平台；先进的数据分析综合解决方案，用于牛的生物标记识别和表观基因活性鉴定；具有知识产权的牛遗传和表观基因组数据库；专用的牲畜评分系统，可帮助奶农深入了解可能影响牛群表观基因特征的潜在问题和环境因素，如饲料、添加剂、温度和光照等。

（来源：Antler）

西班牙企业投资加速对“未来牛奶”的研究

2022 年 11 月 18 日，西班牙乳制品制造商 Pascual 推出 Mylkcubator 2.0 投资计划，旨在推动基于细胞和精密发酵技术的无动物奶研发。Mylkcubator 计划于 2021 年 5 月首次推出全球首个乳制品行业细胞农业技术全球孵化计划。

Mylkcubator 最新的投资对象包括总部位于南非的 De Novo Dairy，该公司专注于开发精密发酵技术以生产替代蛋白（乳铁蛋白），这种蛋白可以复制与乳制品类似物相同的营养成分和感官体验。De Novo Dairy 的无奶牛产品包括冰淇淋、奶油酸奶和融化奶酪。投资者指出，这些新方法不会立即取代目前的乳制品生产方法，但希望它们能促进传统行业的发展，使该行业走向混合生产模式。目前的数据显示，随着消费者对非动物乳制品需求的不断增加，对细胞农业和精密发酵生态系统的投资将更加稳定，创新的时机已经成熟，预计在未来几年对替代乳制品生态系统的投资将呈指数增长。

（来源：Food Ingredients First）

XAG 的 P100 农业无人机在全球范围内销售

广州极飞科技（XAG）最新一代农用无人机 P100 现已在全球销售。该多功能无人机用于精准农业，可自主执行多种作物的喷洒、施肥和播种。XAG P100 农用无人机将帮助中国、越南和澳大利亚的农民在不影响作物产量的情况下降低对种子、农药和化肥的投入。根据无人机服务公司 KPT Fly Team 的介绍，两架 XAG P100 农业无人机可以比 20~25 名人工喷洒农药的工人更快、更精确地完成实地工作。这款无人机将助于解决农业部门持续存在的劳动力短缺问题。

XAG P100 相比上一代机型有几项改进。首先有效载荷增加到 40 千克，实现更高的效率，服务于更大的范围。其次，配备了新型蠕动泵和喷嘴截止阀，采用成熟的旋转雾化技术，可以高精度喷洒 60~400 微米的雾化液滴，操作员可以精确控制流速和液滴大小。XAG P100 还重新设计了其撒布系统，采用了行业领先的垂直离心撒布盘和智能螺旋给料机。为了高精度地规划飞行路线和自动导航，XAG P100 配备了 RTK 厘米级定位模块。它的最大飞行速度为 13.8 米/秒，这意味着一个电池组足以施放多达 280 千克的肥料。

（来源：Agropages）

美国 Arable 公司推出 Mark 3 田间传感智能解决方案

美国农业科技公司 Arable 宣布推出其新一代作物智能解决方案。该解决方案将在全新的 Arable Mark 3 田间传感设备支持下，利用新型集成 5MP 相机

Arable Vision 拍摄作物的高分辨率图像，为用户提供连续的作物图像记录，以智能评估种植结果。

1. 现场传感和通信设备

Arable Mark 3 是一款现场传感和通信设备，可在一个作物智能系统中监测天气、植物、土壤和灌溉量。Mark 3 传感器技术可实时观察作物对环境的反应，并在人肉眼可见之前识别作物胁迫。它的 22 个窄带光谱仪使用户能够对营养缺乏、水分胁迫和疾病等植物胁迫表现进行诊断。此外，新的热传感器可读取冠层温度，当与 Mark 3 提供的其他作物和天气数据相结合时，可以知道作物何时因缺水而受到胁迫。

2. 内置 5MP 摄像头

Mark 3 具有内置 5MP 摄像头、集成太阳能阵列和可选超声波风速计等新功能。现场传感系统与用户友好的软件套件和易于集成的 API 相结合。该设备没有可拆卸部件，没有清洁端口，确保了可靠、一致和免维护的操作。

Mark 3 配备了高功率天线，其连接范围是普通手机的 7 倍。此外，Mark 3 的电池容量是 Mark 2 的 5 倍，充电功率是 Mark 2 的 2 倍，可以在没有阳光的情况下运行长达两个月，因此对于长期处于低太阳活动的地区来说是最佳选择。

3. 利用 Arable Vision 拍摄作物每日高分辨率图像

Mark 3 的新型集成 5MP 相机——Arable Vision 可提供作物每日的高分辨率图像，并将该图像与拍摄图像之前、期间和之后田间环境中发生的情况相关联。用户可以为图像添加标签、注释和共享。

通过高分辨率图像实时查看作物可以减少到田间的次数，快速识别影响产量和质量的问题，优化田间作业的时间。通过对整个季节的作物进行连续的视觉记录，可以更好地评估季节结束时的结果。这些记录也可用于支持保险、碳计划、可追溯性和食品供应链中的其他验证需求。Arable Mark 3 设备将于 2023 年初开始供货。

（来源：Future Farming）

Genus Plc 和 Tropic 宣布扩大性状开发合作

据英国农业生物技术公司 Tropic 官网报道，该公司与全球领先的动物遗传改良公司 Genus Plc 宣布，将进一步扩大合作范围，把 Tropic 专有的“基因编辑诱导的基因沉默”（GEiGS）技术应用于猪和牛遗传育种中。GEiGS 技术是利用已知的基因编辑工具（如 CRISPR、TALEN）对宿主生物体非编码基因中的少数核苷酸进行精确和特异性的改变。这些变化将非编码基因的 RNAi（基因沉默）活性转向所需的靶基因，来抑制它们的活性。此外，GEiGS 可通过将 RNAi 活性重新定向到病原体和有害生物基因来激活对病原体和有害生物的防御。

自 2020 年 6 月开展合作以来，Tropic 为 Genus 提供了多套 GEiGS 解决方案，用来研发多种致命性牲畜疾病的抗性性状。经过 Genus 实验验证后，已经证明了特定靶基因的有效沉默。报道指出，双方合作将使 Genus 和 Tropic 能够探索基于 GEiGS 平台的其他性状，并改善牛和猪的动物福利。

（来源：Tropic）

CRISPR 基因编辑鱼类在日本上市销售

两种经过 CRISPR 技术编辑的鱼类获准在日本销售：一种虎斑河豚和一种红鲷鱼，这两种鱼由区域鱼类研究所与京都大学和金岱大学合作开发。经 CRISPR 编辑的虎斑河豚瘦素受体基因被破坏，导致这种鱼因食欲增加，而体重迅速增加，比传统的虎斑河豚重 1.9 倍；经 CRISPR 编辑的红鲷鱼，其抑制肌肉生长的蛋白质肌肉生长抑制素被禁用，使这种鱼比使用相同数量饲料喂养的传统海鲷长得更大，可大出约 1.2 倍。这些新性状有望降低鱼类的农业生产成本。对虎斑河豚和红鲷鱼的批准使得日本被批准的 CRISPR 编辑食品总数达到 3 种。2020 年 12 月，日本批准了一种经 CRISPR 编辑的番茄，该番茄经过基因工程改造，能够提高 γ-氨基丁酸（GABA）的水平，被认为对健康有益。

（来源：Nature）

火花技术

欧盟设立 ERC PoC 项目推动创新火花落地

ERC 由欧盟于 2007 年成立，是欧洲首屈一指的前沿研究资助机构。它资助任何国籍和年龄的有创意的研究人员，在欧洲开展项目研究。ERC 提供 4 种主要的拨款计划：启动拨款、整合者拨款、高级拨款和协同拨款（Starting、Consolidator、Advanced 或 Synergy）。凡满足 4 种主要的拨款计划之一的所有首席研究员（PI）都有资格参与并申请 ERC Proof of Concept 资助。但仅资助那些已经获得 ERC 资助，并在研究成果的基础上，需要对其在 ERC 资助项目研究过程中产生的想法进行概念验证的 PI。前沿研究通常会产生全新的想法，推动创新和商业创造力，并应对社会挑战。ERC PoC 拨款旨在促进探索 ERC 资助研究的商业和社会创新潜力。ERC 由一个独立的管理机构——科学委员会领导。作为欧洲地平线计划的一部分，2021—2027 年的 ERC 总预算超过 160 亿欧元。2022 年工作计划将继续在 18 个月期间一次性提供 15 万欧元的概念验证补助金。

ERC PoC 拨款旨在将 ERC 资助的优秀研究成果的价值最大化，通过资助进一步的工作（即未计划由原始 ERC 前沿研究拨款资助的活动），以验证 ERC 资助项目的创新潜力。目标是使 ERC 资助的项目能够在从突破性研究到创新的道路上取得进展。

ERC PoC 拨款将有助于测试、试验、演示和验证新的创意；开展上述活动所需的研究并解决在这些活动中发现的弱点；确定项目的可行性、技术问题和总体方向；明确知识产权保护或知识转移战略；让行业合作伙伴、社会或文化组织、政策制定者或任何其他潜在利益相关者参与，支持将研究成果转化为创新；评估具有预期创新能力的潜在的“最终用户”。

待资助的概念验证项目将来自于 ERC 资助的科学、卓越的研究项目，这些研究已经经过严格的同行审查。概念验证补助金基于唯一的卓越标准（criterion of excellence）进行评估，该标准包括以下 3 个评估要素。

1. 突破性创新潜力

提案必须证明拟议的概念验证活动具有推动创新和商业创造力和/或应对社会挑战的潜力，并且与现有解决方案相比，拟议的预期结果具有创新性或独特性。

2. 方法

提议的概念验证活动和计划在提议的时间尺度和资源范围内是可行的，并且对于探索从突破性研究到创新的途径是适当和有效的。

3. 首席研究员的能力和承诺

首席研究员需要证明有能力进行 ERC PoC 项目的管理，整合作出战略决策和实施拟议计划所需的信息和数据。

PoC 项目拨款具有单阶段提交和单步评估程序。

外部独立专家将独立评估每个可接受和合格的提案，并将其在 3 个评估要素中分别标记为“非常好”“好”或“失败”。为了获得资助，提案必须由大多数专家在 3 个评估要素中的每一个方面获得及格分数（“非常好”或“好”）。

（来源：欧洲研究协会）

日本支持探索性基础研究

20 世纪 70 年代，日本认识到创造性研究，特别是基础研究是科学发展必不可少的基础，JST（日本科学技术振兴机构）于 1981 年启动了先进技术探索性研究项目（ERATO）。该项目以大规模研究经费为基础，通过领域融合和超越现有研究领域的新方法，推动具有挑战性的基础研究，形成引领未来科技创新的新趋势。2002 年，根据新时代的要求，ERATO 被重组到新启动的战略创新研究促进项目之下，一直延续至今。战略创造性研究促进项目的目标是，以新的科学知识为基础，开发具有创造性的创新技术，推动具有挑战性的基础研究，以应对日本面临的重要挑战，促进带来社会和经济变革的科学技术创新。为此，将建立一个由大学、企业、公共研究机构和其他机构的研究人员组成的网络型实验室（一个超越组织范围的研究系统）。

1. 项目资助

该项目研究期为 5 年半，每个项目的预算上限为 12 亿日元。为了有效总结和强化研究成果，为下一步开发奠定基础，可以延长 1 年。延期期间有的项目不再获得资助，有的可获得直接费用 5 000 万日元和协同实施费用

1 000 万日元的资助。其次，为了发展和继承由 ERATO 构建的研究体制，研究机构在 ERATO 期间开始对项目提供具体支持，在该阶段结束后，如果研究机构主导的以项目为核心的永久框架得到具体规划，并在 JST 的支持下取得协同进展，则可以作为机构继承型项目得到额外支持。此类支持最长可持续 3 年，每年直接经费不超过 5 000 万日元，合作实施经费不超过 2 000 万日元。

2. 项目选拔

项目选拔分为调查阶段和遴选阶段。首先，JST 开展调查活动，通过与专家进行访谈、问卷调查，以及参加学会和研究小组收集和分析各种证据数据。其次，广泛征集 ERATO 项目研究主题和适合研究负责人的信息。在遴选和促进小组官员的帮助下筛选出一定数量的候选人，以确定谁将被邀请提出研究建议。最后，在遴选小组中进行研究构想的书面遴选和面试遴选，并选定研究主管和研究领域（项目）。

3. 研究领域

项目涉及生命创新、纳米技术/材料、信息和通信技术等领域。

（来源：日本科学技术振兴机构）

美国 NSF 多措并举推动潜在变革性研究

美国国家科学基金会（National Science Foundation，NSF）一直致力于识别科学前沿，资助在前沿探索中有想法和发展前途的科学家，并以此确保美国科学技术始终处于世界领先水平，其资助的所有项目都鼓励和支持潜在的变革性研究提案。除此之外，NSF 还支持特定的投资领域、特殊机制和新方法，以识别和资助潜在的变革性研究。NSF 在提交给国会的年度预算中确定了以跨学科著称的投资领域，旨在对科学和工程领域产生变革性影响。投资可能会提供给单一项目（如网络发现和创新，CDI），也可能会为众多项目（如气候研究和国家纳米技术倡议）提供支持。

1. 促进和支持潜在变革性研究的新机制

（1）探索性研究的早期概念补助金（EAGER）。EAGER 资助机制可用于支持早期阶段的探索性工作，即未经测试但可能具有变革性的研究思想或方法。这项工作被认为是“高风险-高回报”，因为它涉及完全不同的方法，应用新的专业知识，或者涉及新的学科或跨学科观点。EAGER 可能会尝试高风险的工作，例如孵化器、移动中心、未经测试的仪器技术和社区响应式科学团队等。EAGER 项目一般为期 1 年或 2 年，申请总额不超过 5 万美元，最多可达 30 万美元的支持。探索性提案也可以直接提交给 NSF。在提交 EAGER 提案之前，首席研究员（PI）必须联系与专业知识和提案主题最密切相关的 NSF 项目官员，以确定该项工作是否适合 EAGER 机制。EAGER 机制不适用于 NSF 提交的“常规”（即非紧急）项目。

（2）特殊创意延伸。项目官员可以建议将某些研究资助的期限延长至最初授予补助金（截止时间）之后，最长可达两年。此类延期的目的是在相同的一般研究领域冲击具有冒险性的机会（不一定包含在原始/当前的提案中）。特殊创意延期通常由 NSF 项目官员根据 3 年拨款的前两年进展情况发起，PI 将在拨款到期前一年收到通知。

（3）基于成就的更新。基于成就的更新是一种特殊类型的更新提案，仅适用于多年来在提案所涉及的研究领域作出重大贡献的研究人员。在基于成就的更新中，项目描述被替换为不超过 6 份再版出版物，这些出版物是由 3~5 年前 NSF 支持的研究（或与 NSF 支持的研究密切相关的其他来源支持的研究）产生的。此外，必须提交一份简短（不超过 4 页）的拟议支持期计划摘要。

2. 发现和识别潜在变革性研究的创新方法

除了上述现有计划和机制外，NSF 尝试创新方法来促进和识别潜在的变革性研究。

（1）专注于识别潜在的变革性研究。通过讨论和培训，NSF 项目官员和评审员更加关注识别潜在的变革性研究。

（2）对审查过程的修改。一些项目正在尝试对审查过程进行修改，以帮助确定潜在的变革性研究提案。例如，除一个专家小组之外，设立一个“影子小组”，影子小组的主要目的是确定潜在的变革性研究提案。该评估提供了一个“第二维度”，因为它独立于专家组对提案的全面审查。

（3）新兴的转型研究领域。NSF 使用不同的机制来识别新兴的研究和创新转型领域。例如工程局的新兴研究与创新前沿办公室（EFRI）每年都会通过信函以及研讨会、专业会议和社团以及咨询委员会来征求转型领域的想法。

基于反馈，EFRI 通过其计划征集对选定领域的主题和提案进行优先排序。

（4）Sandpit 创意工厂。在召开 Sandpit 研讨会之前，会选择出“导师”，在研讨会期间担任顾问。Sandpit 的与会者确定所选研究领域的重大挑战，然后制定应对这些挑战的方法。来自 Sandpit 的新兴项目被选中后将得到项目资助。

（5）联合资助。一些相关部门为项目官员推荐资助的潜在变革性研究提案提供联合支持。这种联合资助强调了支持潜在变革性研究的重要性，同时减少了资助这些提案对项目预算的影响。

3. 启示与建议

（1）开展“火花技术”发现、识别与评价方法与机制研究。由于“火花技术”是尚处于萌芽阶段未经验证的技术/产品，甚至还只是一个创新性概念，短期内难以快速落地，常规性的项目评审标准和机制将不适用。因此，建议设立研究专项，联合学术界和产业界，共同分析“火花技术”的特征，研究制定“火花技术”识别与评价标准以及特殊的评审机制，促进“火花技术”的早期发现。

（2）举办探索性科学创意大赛发现创新火花。借鉴 NSF 举办的 2026 创意机器的做法，通过让参赛者提供他们认为应该解决的新兴科学、工程或科学研究挑战，经评审将具有突破性创新潜力的概念纳入 EAGER 项目，进行早期的变革性研究。建议由科技管理部门组织牵头，定期举办探索性科学创意大奖赛等活动，激励参与者提出变革性科学话题和研究方案，为未来几年的科学和工程基础研究寻求思想的火花，从中遴选出具有潜在变革性的领域和研究方向给予资助。

（3）创新支持机制激励“火花技术”实现重大突破。建议借鉴 NSF 设立新兴前沿（EF）部门的做法，设立专门机构，作为科学研究孵化器，负责通过创新评审方式与过程，有效识别潜在的变革性研究，对可行性高、颠覆性大、前沿性强的“火花技术”，作为国家科技战略储备给予重点支持。同时给予申请人宽松的容错环境，支持“高风险—高回报”的潜在变革性研究。

（来源：美国国家科学基金会）

美国把二氧化碳变废为宝

美国西北大学的 Michael Köpke、美国朗泽科技公司（LanzaTech）的 Michael Jewett 和同事展示了将一种梭菌（*Clostridium autoethanogenum*）进行遗传工程改造，用于合成此前它们无法产生的化合物。该方法可替代现有利用石油或天然气生产的流程，提供了一种负碳排放生产方法。研究以一个工业规模的先导性试验表明工程细菌能以高效率和高选择性生产丙酮和异丙醇——这两种化合物的全球市场超过 100 亿美元。现有的利用石油和天然气制造这些化合物的过程会促进气候变化，但该方法固碳减排，可实现负碳足迹。研究者认为，这一制造丙酮和异丙醇的可持续替代方案也可以经过调整，用于生产其他各种有用的化合物。该项研究结果已发表在《自然-生物技术》（*Nature-Biotechnology*）上。

（来源：Nature Portfolio）

解决全球主要粮食作物的嫁接问题

一直以来，用于单子叶植物（包括世界上所有的谷物，如大米、小麦和玉米以及香蕉等）的嫁接方法屡屡失败。英国剑桥大学 Julian M. Hibberd 团队及其合作者通过一系列试验证实了单子叶植物可通过胚性愈伤组织进行嫁接，并且其嫁接体形成机制与双子叶植物具有一致性。该研究推翻了以往关于单子叶植物不能进行嫁接的共识，证实了单子叶植物可通过胚性愈伤组织实现嫁接的重要现象，并表明嫁接亲和性是种子植物中共同存在的保守能力。该研究结果打破了以往关于“维管形成层是植物嫁接体形成的先决条件”的传统认知，对嫁接的生物学研究及未来的作物性状改良具有重要意义。这项研究结果于 2021 年 12 月 22 日发表在《自然》（*Nature*）上。

（来源：Nature）

新的孤雌生殖基因助力植物无融合生殖研究取得突破性进展

来自荷兰的 KeyGene 育种公司、瓦赫宁根大学及研究中心、日本 Takii 育种公司、新西兰植物与食品研究中心以及林肯大学的研究人员通过合作研究，发现了一个无融合生殖蒲公英的孤雌生殖等位基因，可以使得莴苣卵细胞在不受精的条件下发生细胞分裂。

无融合生殖是不经过精卵结合而产生克隆种子的一种生殖方式，获得的后代与母本植株完全一致，是母体植株的克隆，可随世代更迭而不改变基因型，性状也不发生分离。无融合生殖是一种不常发生、但在植物界普遍存在的生殖现象。在植物界存在的有性生殖、无性生殖和无融合生殖三大系统中，无融合生殖是最缺乏研究而又有特殊价值的一种。

该研究利用自然发生无融合生殖的蒲公英为研究材料，发现了能够诱导孤雌生殖的基因 PARTHENOGENESIS（PAR），通过将该基因导入莴苣，成功获得可以发生孤雌生殖的莴苣材料。这项研究为植物无融合生殖提供了新的基因资源，也为后续孤雌生殖基因的研究提供了良好的研究方法。研究成果于 2022 年 1 月 6 日发表在《自然遗传学》（*Nature Genetics*）上。

（来源：Nature Genetics）

美国食品技术公司利用微生物制造新型油脂

美国初创食品技术公司 Zero Acre Farms 近期获得了 3 700 万美元投资，用于研发一种利用微生物发酵生产的油脂，以成为植物油的替代品。研究人员指出发酵过程受温度、pH 值、氧气、原料等诸多因素影响，该公司开发的平台可以提供生产这种油脂所需的最佳参数。这项研究将获得一种新型的健康油脂，能降低与炎症和疾病有关的脂肪含量，同时与其他类型的油脂相比，生态影响较少。该微生物油脂产品将在 2022 年亮相市场。除了动物油和植物油，随着技术的不断成熟，利用微生物生产油脂的公司在食品行业逐渐崭露头角，为食用油提供了新的选择，也将促成一种新的食品趋势。

（来源：Food Ingredients First）

人工神经元可诱导捕蝇草叶片闭合

一种人工神经元可以与捕蝇草的生物细胞成功连通，还能让捕蝇草关闭叶子。研究结果或对将来脑机接口和软体机器人的开发具有重要意义。

神经形态仿生电子装置能模仿人脑的运作方式。脑机接口、假肢、智能软体机器人的未来开发都需要实现人工神经装置与生物系统的有机结合。然而，当前的人工装置生物相容性差，能源效率低，环路较为复杂。

瑞典林雪平大学的研究者开发了一种人工神经突触系统，探索它是否能与某个生物系统相连。研究者让打印出来的人工神经元与突触充分模仿生物系统的信号转导特征——生物系统会利用离子迁移介导的放电进行交流，随后将这些人工神经元与一种捕蝇草（Dionaea muscipula）的生物系统成功相连。他们演示了这些人工神经元在电刺激下能诱导捕蝇草关闭叶子。

这项研究结果或能推动未来可植入装置和脑机接口的开发，以及人工神经系统与生物实体的潜在整合。研究结果发表在《自然通讯》（*Nature Communications*）上。

（来源：*Nature Communications*）

生物技术年报

美国农业部发布“八国2021年农业生物技术年报”

2021年11—12月，美国农业部海外农业局发布了关于巴西、阿根廷、欧盟、德国等8个国家（地区）的“2021年农业生物技术年度报告”。

1. 巴西

巴西是全球第二大生物技术作物生产国，已批准115项生物技术转化体的种植活动。根据预测，在2020/2021年度，转基因作物种植面积超过5 600万公顷。转基因大豆的种植率为98%，转基因玉米为88%，转基因棉花为80%。这些作物最常见的特性是抗虫和耐除草剂，包括单一性状和多性状堆叠的转基因作物。根据巴西政府的数据，谷物和油料种子的平均产量在过去15年里提高了70%，而生物技术种子的持续使用是产量增长的主要原因。中国是巴西最大的出口目的地，主要产品是转基因大豆，美国是巴西在对华市场上的主要竞争对手，两国还在中国动物蛋白市场上展开竞争。2021年11月11日，巴西国家技术委员会（CTNBio）批准了阿根廷生产的一种耐旱并表达HaHB4向日葵基因的GE小麦品种。这项批准允许世界上首次出现转基因小麦品种的生产和贸易。

2. 阿根廷

阿根廷种植转基因大豆、玉米和棉花的面积已超过2 600万公顷，是种植转基因作物的3个主要国家之一。阿根廷种植的100%的大豆、99%的玉米和100%的棉花都是转基因作物。2021年11月，阿根廷宣布了控制该国目前种植的HB4小麦的新规则。在2020—2021年，阿根廷政府继续更新生物技术监管框架，这一更新适用于基因组编辑技术产品，并取消了对具有堆叠性状的生物技术转化体单独批准的要求。2021年是阿根廷1996年批准第一种转基因作物25周年。

3. 欧盟

2021年4月29日，欧盟委员会发布了题为《根据欧盟法律和法院C-528/16案的裁决，研究新基因组技术现状》的报告。该项研究表明，这些更新的技术可以为欧洲绿色协议的“从农场到餐桌”和生物多样性战略目标作出贡献，而当前的“转基因指令”并不适合这个目标。2021年9月24日，欧盟委员会发起了一项政策倡议，以确定如何监管这些较新的技术，并制定了一份政策草案，预计发布时间为2023年。欧盟进口大量转基因饲料以维持其畜牧业，美国是欧盟主要的大豆供应国，大部分大豆是转基因品种。

4. 德国

公众目前普遍拒绝转基因作物，在其国土内没有转基因试验田。但德国是转基因产品的消费国，每年进口约600万吨大豆和豆粕用作动物饲料。德国有约130家公司从事农业和园艺作物的育种和营销，其中包括世界级的国际种子公司，如拜耳、巴斯夫和KWS。这些国际公司是向欧洲以外市场供应转基因和常规育种种子的主要供应商，由于政治、商业、监管和社会认可的壁垒，已将研发业务转移到了欧盟以外的地区，特别是在美国。拜耳于2018年6月完成收购孟山都，KWS 2015年在美国开设了生物技术研究中心。

5. 英国

自2021年1月1日起沿用欧盟相关法律对基因工程产品进行授权，9种转基因作物目前正在进行公众咨询。英国政府除了宣布将减少植物田间试验的行政负担外，还在探索一种更为恰当的方法来监管来自简单基因组编辑的动植物，以及利用传统育种方法可能培育出的动植物品种。英国政府计划用一到两年时间进行第一阶段的监管改革，并计划用5~7年时间对生物技术监管进行全面改革。

6. 加拿大

政府在2021年3月发布了关于加拿大新食品法规如何应用于植物育种产品的指导。在2021年，加拿大种植了约1 160万公顷的转基因作物，主要作物为油菜籽、大豆和玉米，比2020年增长了7%。自2020年10月以来，加拿大食品检验局（CFIA）批准了6个植物新品种可进行无限制环境释放，包括1个茶花品种、1个油菜品种、2个玉米品种和2个大豆品种。

7. 韩国

正在修订其现有的转基因生物法案，以涵盖新兴生物技术产品，如基因编辑产品。2021年5月，韩国公布的修订草案中包括一个预审流程，该流程将确定一些新兴生物技术产品是否需要进行全面风险评估或可免于评估。2021年4月，韩国选定了10家促进绿色生物融合的企业，并投入了28亿韩元（约230万美元），被选中的公司将利用基因组编辑技术开发农作物新品种。韩国大部分牲畜饲料源自生物技术培育的玉米和大豆，韩国转基因谷物和油菜籽主要进口自美国和阿根廷。

8. 印度

Bt 棉花是目前唯一被批准用于商业种植的生物技术作物。截至目前，印度监管部门仅批准了转基因茄子和转基因芥菜的环境释放。印度批准进口转基因大豆油和转基因菜籽油以及转基因微生物食品。2021 年 8 月 24 日，印度商务部批准了在 2021 年 10 月 31 日之前进口 120 万吨转基因大豆豆粕，这预示着从转基因作物（如玉米）中提取的干酒糟及其可溶物（DDGS）将有可能进入市场。

（来源：美国农业部）

美国农业部发布“日本2022年农业生物技术年报”

日本是生物技术作物的主要进口国和消费国，美国农业部海外农业局（USDA FAS）于 2022 年 11 月 14 日发布“日本 2022 年农业生物技术年报”，摘要如下。

1. 监管方面

截至 2022 年 9 月，日本已经批准了超过 331 种生物技术产品可用作食品，194 种用作饲料，198 种可环境释放（其中 149 种获批在国内种植）。此外，日本监管机构已建立基因编辑食品和农产品的处理程序。由日本公司开发的 3 种基因编辑产品（GABA 含量增加的基因编辑番茄、基因编辑“Madai”红鲷鱼和“22-seiki fugu”虎豚）已经完成必要的咨询和通知程序，并获准在国内市场生产和销售。

2. 种植方面

尽管已获得大量的监管批准，但日本没有商业化种植任何转基因食品或饲料产品。

3. 研究方面

日本公共研究机构和公立大学进行了大量的农业生物技术研究和开发。日本政府的国家科技创新项目，即跨部委战略创新促进计划（SIP），鼓励研发基因编辑技术。

4. 进口方面

日本是现代生物技术生产的食品和饲料的主要进口国，几乎100%的玉米和95%以上的油籽都来自进口。美国是向日本出口转基因产品（即谷物和油籽）的最大供应国，其他供应国包括加拿大、巴西和阿根廷。日本2021年进口了1 550万吨玉米、310万吨大豆和340万吨油菜籽。此外，还进口了数十亿美元的加工食品，这些食品含有转基因植物衍生的油、糖、酵母、酶和添加剂等。

（来源：美国农业部）

美国农业部发布“澳大利亚2022年农业生物技术年报”

美国农业部海外农业局（USDA FAS）于11月14日发布“澳大利亚2022年农业生物技术年报”，摘要如下。

1. 监管方面

澳大利亚联邦政府支持生物技术发展，为研究和开发投入了大量长期资金。监管部门已批准对转基因（GE）棉花、油菜、红花、印度芥菜和康乃馨进行商业化种植。2021年7月1日，新南威尔士州解除了对转基因粮食作物的禁令。自此，联邦政府批准的转基因作物可以在澳大利亚除塔斯马尼亚州以外的所有州种植。

2. 研究方面

澳大利亚联邦科学和工业研究组织（CSIRO）目前正在农业、生物安全和环境科学领域开展一系列技术研究，包括核糖核酸干扰（RNAi）或基因沉默项目，用于培育具有增值特性的小麦品种、抗病毒作物、抗褐变土豆，提高水产养殖生产力，提高动物饲料的消化率；标记辅助育种相关项目的目标在于培育抗霉酿酒葡萄。

3. 出口方面

澳大利亚是全球棉花和油菜的主要出口国，棉花几乎均为转基因棉花（澳不向美国出口棉花），部分油菜为转基因产品。其他出口产品包括：肉类、乳制品、鱼类、活体动物、植物、鸡蛋以及非规定商品（蜂蜜和加工食品）。

4. 进口及食品标准方面

在澳大利亚销售含有转基因材料的食品必须经由澳大利亚—新西兰食品标准局（FSANZ）批准，转基因含量超过1%的产品须贴标签。这适用于其所有国内生产和进口的食品。豆粕在澳大利亚很大一部分来自进口，但澳生物技术立法不监管大豆粉等加工动物饲料。

5. 对美影响

报告指出，澳大利亚几项现行政策已导致美国对澳出口受限。首先，澳大利亚尚未批准进口未经加工的转基因玉米和大豆，这一市场准入限制明显影响到美国饲料谷物（未经加工的玉米和大豆）的对澳出口。其次，在澳销售转基因含量超过1%的食品必须事先获得批准并贴上标签，这可能会限制美国中间产品和加工产品的销售。再次，澳大利亚出于植物检疫原因，禁止进口多种谷物和谷物产品，理由是需要限制外来杂草种子和疫病。此外，澳大利亚对转基因技术的政策和观点会影响其他国家，可能会导致他国制定类似的监管政策。

（来源：美国农业部）

美国农业部发布“新西兰2022年农业生物技术年报”

美国农业部海外农业局（USDA FAS）于2022年11月14日发布“新西兰2022年农业生物技术年报”，摘要如下。

1. 监管方面

在新西兰，转基因（GE）产品受1996年《有害物质和新生物法案》（HSNO）监管，并由环境保护局（EPA）管理。新西兰生产力委员会于2021年4月份向新西兰政府提交了一份报告，建议对基因改造的监管进行审查，以确保其符合监管目的，并支持国内创新。此外，新西兰政府制定的转基因政策近期没有重大变化。

2. 研究方面

新西兰对马铃薯、洋葱、西蓝花、卷心菜、花椰菜和羽衣甘蓝等一系列植物进行了转基因研究。林业和生物材料的试验集中在除草剂耐受性、繁殖性状、生长和品质性状上。迄今已批准了21项针对一系列作物和动物的农业田间试验。但是，目前只有 2 项在运作。

3. 种植及进出口方面

新西兰没有商业化种植转基因作物，因此，没有相关产品出口。但新西兰允许进口由澳大利亚—新西兰食品标准局（FSANZ）批准的 GE 食品。迄今已有 86 种转基因植物食品和 4 种微生物衍生产品被批准进口到新西兰销售。这些食品可以直接供人食用，也可以作为动物饲料。2021 年，新西兰进口了 384 688 吨豆粕和豆皮，主要用作家禽和猪饲料。阿根廷是新西兰最大的饲料供应国，占供应总量的 98%，进口饲料可能来自转基因大豆。

4. 食品标准方面

在新西兰销售的所有转基因食品都必须贴上标签，但由于动物饲料不属于 HSNO 法案管辖范畴，食用转基因饲料的动物肉类和其他产品不需要贴标签。

（来源：美国农业部）